微机原理与接口技术实验教程
——基于 Proteus 仿真

李崇维　段绪红　李德智　主编

西南交通大学出版社

·成　都·

内容简介

本书是配合"微机原理与接口技术"等课程的教学而编写的实验教程,主要内容包括:(1)Proteus 仿真平台,介绍如何利用 Proteus ISIS 绘制电路原理图,利用外部编译器编译 8086 汇编程序并进行基于 8086 微处理器的 VSM 仿真;(2)8086 汇编语言程序设计,包括汇编语言基础知识,顺序结构、分支结构、循环结构和子程序的程序设计,给出了相应的设计实例;(3)基于 Proteus 仿真的 8086 汇编程序设计实验,设计了几种典型汇编程序设计实验项目,有助于学生掌握汇编语言的编程与调试;(4)基于 Proteus 仿真的接口实验,设计了几种典型的微机接口实验项目,涉及多种外设接口芯片的软硬件设计,以提高学生应用计算机进行实际系统设计的能力。

图书在版编目(CIP)数据

微机原理与接口技术实验教程:基于 Proteus 仿真 / 李崇维,段绪红,李德智主编. —成都:西南交通大学出版社,2019.8(2020.10 重印)
ISBN 978-7-5643-7122-7

Ⅰ. ①微… Ⅱ. ①李… ②段… ③李… Ⅲ. ①微型计算机—理论—教材②微型计算机—接口技术—教材 Ⅳ. ①TP36

中国版本图书馆 CIP 数据核字(2019)第 185971 号

Weiji Yuanli yu Jiekou Jishu Shiyan Jiaocheng
—Jiyu Proteus Fangzhen

微机原理与接口技术实验教程
——基于 Proteus 仿真

李崇维　段绪红　李德智　主编

责任编辑	张华敏
特邀编辑	陈正余　唐建明
封面设计	原谋书装

出版发行	西南交通大学出版社 (四川省成都市金牛区二环路北一段 111 号 西南交通大学创新大厦 21 楼)
邮政编码	610031
发行部电话	028-87600564
官网	http://www.xnjdcbs.com
印刷	四川煤田地质制图印刷厂

成品尺寸	185 mm × 260 mm
印张	8.5
字数	208 千
版次	2019 年 8 月第 1 版
印次	2020 年 10 月第 2 次
定价	25.00 元
书号	ISBN 978-7-5643-7122-7

前　言

"微机原理与接口技术"是一门理论性和实践性很强的课程。实验是教学过程中的重要环节，通过实验，可以加深对理论知识的理解，培养学生的编程能力和实际操作能力。

本书分为四部分。第一部分介绍 Proteus 仿真平台，包括 Proteus ISIS 基本操作，电路原理图设计、编译汇编文件和仿真调试方法等，要求熟悉和掌握 Proteus 的使用方法。第二部分是汇编语言程序设计，主要介绍几种基本的程序结构，并给出了相应的程序实例。第三部分是软件实验，通过实验来学习 8086 的指令系统、寻址方式和程序设计方法，同时掌握 Proteus 的使用。第四部分为硬件实验，基于广州风标教育技术股份有限公司的 Proteus8086 教学实验系统编写，能完成针对 8086 的交互式仿真实验。硬件实验要求掌握常用的可编程接口芯片的工作方式、初始化编程以及实验电路的连接，掌握接口芯片的使用方法。

本实验教程由李崇维主编，参与编写的还有段绪红和李德智两位教师，书中的程序全部在 Proteus 8 professional 版本下调试通过。本书的编写得到了广州风标教育技术股份有限公司的大力支持和帮助，在此表示诚挚的谢意。本书得到了西南交通大学教务处和电气工程学院教材基金的资助，在此表示由衷的感谢。在本教材的编写过程中，得到了戴小文教授、晏寄夫副教授和胡鹏飞副教授的大力支持和帮助，在此一并表示衷心的感谢。

由于编者水平有限，书中可能会存在许多错误和不足之处，欢迎广大读者批评指正。

编　者
2019 年 7 月

目　录

第 1 章　Proteus 仿真平台

Proteus 是英国 Labcenter Electronics 公司研发的电路分析与实物仿真及印制电路板设计软件，包括 ISIS（原理图设计模块）、ARES（PCB 制作模块）等软件模块。ISIS 模块用于完成电路原理图的设计与电路图的交互仿真，ARES 模块用于完成印制电路板的设计。Proteus 运行于 Windows 操作系统上，具有功能很强的 ISIS 智能原理图输入系统，有友好的人机互动窗口界面和丰富的操作菜单与工具。在 ISIS 编辑窗口能方便地完成单片机系统的硬件设计、软件设计以及调试与仿真。Proteus 已成为流行的嵌入式系统设计与仿真平台，应用于多个领域。

1.1　新建工程

新建工程的步骤如下：

（1）打开 Proteus 软件，打开菜单 "File->New Project"，弹出 "New Project Wizard: Start" 页面，如图 1-1 所示。在这个窗口中，可以在 "Name" 下修改工程名，在 "Path" 下修改工程保存的路径。

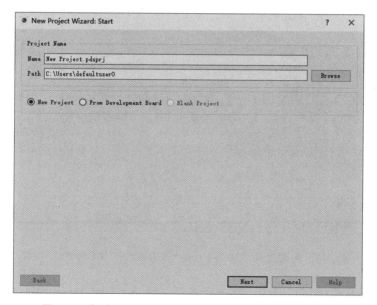

图 1-1　新建工程 "New Project Wizard: Start" 页面

（2）设置好工程名和工程保存的路径后，点击 "Next" 按钮，进入 "New Project Wizard: Schematic Design" 页面，选择原理图的样式大小，如图 1-2 所示。

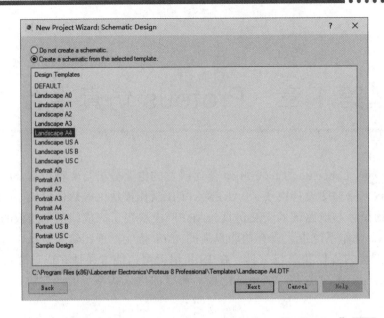

图 1-2 新建工程"New Project Wizard:Schematic Design"页面

（3）选择好原理图的样式大小后，点击"Next"按钮，进入"New Project Wizard:PCB Layout"页面，选择 PCB 模板，如不需要可选择默认选项，如图 1-3 所示。

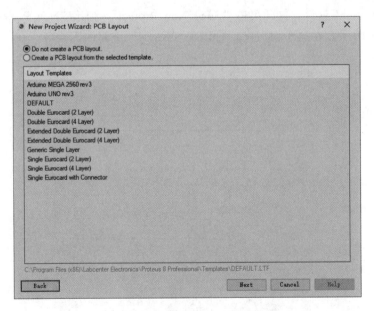

图 1-3 新建工程"New Project Wizard:PCB Layout"页面

（4）PCB 模板设置完成，点击"Next"按钮，进入"New Project Wizard:PCB Firmware"页面，如图 1-4 所示。选择固件工程，选择好需要的控制器 Controller：纯软件仿真选 8086，软硬件仿真（即同时使用配套实验箱时）选 USB8086。选择编译器 Compiler：本课程实验全部选择 MASM32。

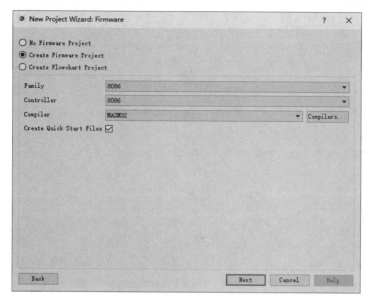

图 1-4　新建工程"New Project Wizard:Firmware"页面

（5）固件工程设置完成，点击"Next"按钮，进入"New Project Wizard:Summary"页面，如图 1-5 所示。

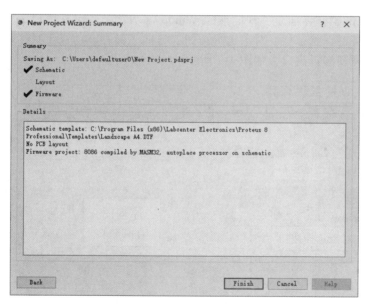

图 1-5　新建工程"New Project Wizard:Summary"页面

点击该页面的"Finish"按钮，则文件名为"New Project.pdsprj"的新工程建立并打开，如图 1-6 所示。

建立好工程后，软件将打开两个选项卡，一个是原理图设计，另一个是源代码设计。单击原理图选项卡可以将 ISIS 模块置于页面最前端，如图 1-7 所示。下面介绍 ISIS 的基本使用方法。

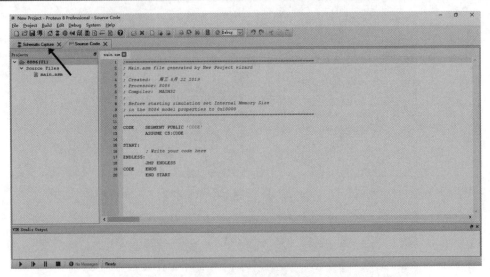

图 1-6　新工程"New Project.pdsprj"建立

1.2　Proteus ISIS

1.2.1　Proteus ISIS 的操作界面

Proteus ISIS 的操作界面是一种标准的 Windows 界面，包括标题栏、主菜单、命令工具栏、模式选择工具栏、状态栏、对象选择按钮、方向工具栏、仿真工具栏、预览窗口、对象选择器窗口、原理图编辑窗口，如图 1-7 所示。

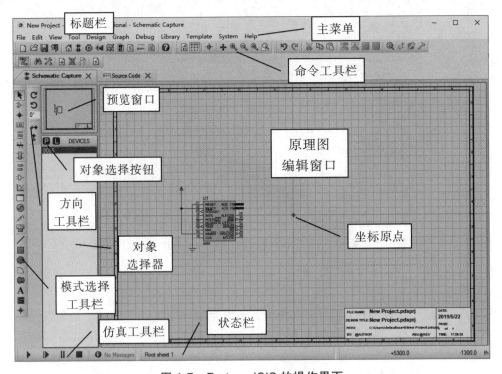

图 1-7　Proteus ISIS 的操作界面

1）原理图编辑窗口

图 1-7 中的点状栅格区域为原理图编辑窗口。原理图编辑窗口是用于编辑和绘制原理图的，这是放置和连接元器件的区域，蓝色边框显示的是当前图纸的边框。该窗口没有滚动条，可以用预览窗口来改变原理图的可视范围。

（1）坐标系统

ISIS 中坐标系统的基本单位是 10 nm，主要是为了与 Proteus ARES 保持一致；但坐标系统的识别单位被限制在 1th。坐标原点默认在图形编辑区域的中间，图形的坐标值能够显示在屏幕右下角的状态栏中。

（2）点状栅格与捕捉到栅格

编辑窗口内有点状栅格，可以通过"VIEW"菜单的"Toggle"命令在"打开"和"关闭"之间切换。点与点之间的间距由当前捕捉的设置决定。捕捉的尺度可以由"VIEW"菜单的"Snap"命令设置，或者使用快捷键"Ctrl+F1""F2""F3"和"F4"，如图 1-8 所示。若键入"F2"或者通过"View"菜单选中"Snap 50th"，则鼠标在编辑窗口内移动时，坐标值是以固定步长 50th 变化的，这称为捕捉。如果想确切地看到捕捉位置，可以使用"VIEW"菜单的"Toggle X-Cursor"命令，选中后将会在捕捉点显示一个交叉十字。

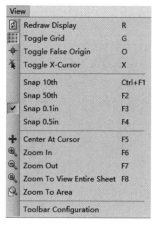

图 1-8　"View"菜单

（3）视图的缩放与移动

视图的缩放与移动可以通过以下三种方式实现：

① 用鼠标左键点击预览窗口中想要显示的位置，使编辑窗口显示以鼠标点击处为中心的内容。

② 在编辑窗口内移动鼠标，按下"Shift"键，用鼠标"撞击"边框，使显示平移。

③ 用鼠标指向编辑窗口并按缩放键或者操作鼠标的滚动键，会以鼠标指针位置为中心重新显示。

2）预览窗口

预览窗口可以显示两个方面的内容：

（1）当鼠标焦点落在原理图编辑窗口时（即放置元件到原理图编辑窗口后或在原理图编辑窗口中点击鼠标后），原理图编辑窗口会显示整张原理图的缩略图，并会显示一个绿色方框，绿色方框里面的内容就是当前原理图编辑窗口中显示的内容，因此，可用鼠标在它上面点击来改变绿色方框的位置，从而改变原理图的可视范围。

（2）在以下情况下，预览窗口会显示将要放置的对象：

① 在元件列表中选择一个元件时。

② 当使用旋转或者镜像按钮时。

③ 当为一个可以设定朝向的对象选择类型图标时。

当放置对象或者执行其他非以上操作时，预览窗口中显示的将要放置的对象会自动消除。

3）模式选择工具栏

模式选择工具栏由模型选择工具、配件选择工具和 2D 图形选择工具三部分组成，如表 1-1 所示。

表 1-1 模式选择工具栏

类 别	图 标	功 能
主要模型	▶	选择模式
	⊸▷	拾取元器件
	✛	放置节点
	LBL	标注线段或网络名
	≣	输入新文本或编辑已有文本
	╫	绘制总线
	⊤	放置子电路或子电路元器件
配件	⊟	在对象选择器中列出各种终端（输入、输出、电源和地等）
	⊸▷	在对象选择器中列出各种引脚
	⋎	在对象选择器中列出各种仿真分析所需的图表
	▢	激活弹出模式
	Ⓢ	在对象选择器中列出各种激励源
	✎	添加探针
	🖳	在对象选择器中列出各种虚拟仪器
2D 图形	╱	放置直线
	■	放置矩形
	●	放置圆
	◗	放置圆弧
	◖◗	放置闭合曲线
	A	放置文字
	S	放置图形符号
	✛	放置图形标记

4）元件列表

元件列表用于挑选元件、终端接口、信号发生器、仿真图表等。例如，选择"元件"，单击"P"按钮会打开挑选元件对话框，选择了一个元件，单击"OK"按钮后，该元件会在元件列表中显示，以后要用到该元件时，只需在元件列表中选择即可。

5）方向工具栏

系统提供了方向工具栏来改变对象的方向，如表 1-2 所示。使用时先用右键单击元件选中元件，再左击相应的方向工具图标。

表 1-2　方向工具栏

图　标	功　能	分　类	备　注
C	顺时针旋转	旋转	旋转角度只能是 90° 的整数倍
Ↄ	逆时针旋转		旋转角度只能是 90° 的整数倍
↔	水平翻转	翻转	—
↕	垂直翻转		

6）仿真工具栏

仿真工具栏如表 1-3 所示。

表 1-3　仿真工具栏

图　标	功　能
▶	运行仿真
▐▶	单步运行仿真
‖	暂停仿真
■	停止仿真

7）主菜单

ISIS 的菜单栏包括：File、Edit、View、Tool、Design、Graph、Debug、Library、Template、System 和 Help。

8）命令工具栏

ISIS 的命令工具栏位于主菜单下方，以图标形式给出，主要包括"File"工具栏、"View"工具栏和"Design"工具栏等。工具栏的每一个按钮都对应一个具体的菜单命令。

工具栏和菜单选项将会随着被选中选项卡而变化。在本节中，使用到的工具按钮和菜单都是在原理图绘制选项卡被选中的情况下。

1.2.2　Proteus ISIS 原理图绘制基础

1）绘制原理图的基本操作

绘制原理图要在原理图编辑窗口中的蓝色方框内完成。原理图编辑窗口的操作不同于常用的 Windows 应用程序，规则如下：

① 放置元件：用左键。

② 选择元件：用右键。

③ 删除元件：双击右键。

④ 拖选多个元件：用右键。

⑤ 编辑元件属性：先右键、后左键。

⑥ 拖动元件：先右键、后左键。

⑦ 连线：用左键。

⑧ 删除连线：用右键。

⑨ 修改连接线：先右击连线，再左键拖动。

⑩ 缩放原理图：用鼠标中键/滚轮。

2）元件的使用

（1）对象放置

对象放置的步骤如下：

① 根据对象的类别在工具箱选择相应的模式图标。

② 根据对象的具体类型选择子模式图标。

③ 如果对象类型是元件、端点、引脚、图形、符号或者标记，则从选择器里选择想要的对象的名字。对于元件、端点、引脚和符号，可能首先需要从库中调出。

④ 如果对象是有方向的，则会在预览窗口显示出来，可以通过预览对象方位按钮对对象进行调整。

⑤ 指向编辑窗口并点击鼠标左键放置对象。

（2）选中对象

用鼠标指向对象并点击右键可以选中该对象。使选中对象高亮显示，可以对其进行编辑。选中对象时，该对象上的所有连线同时被选中。

要选中一组对象，可以采用依次对每个对象右击选中每个对象的方式，也可以采用右键拖出一个选择框的方式，但只有完全位于选择框内的对象才可以被选中。

在空白处点击鼠标右键可以取消所有对象的选择。

（3）删除对象

用鼠标指向被选中的对象，并双击右键可以删除该对象，同时删除该对象的所有连线。或者选中对象后，点击右键弹出快捷菜单，如图 1-9 所示，点"Delete Object"项也可以删除该对象。

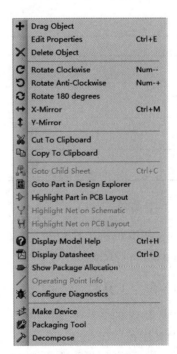

图 1-9　选中对象右击后
弹出的快捷菜单

（4）拖动对象

用鼠标指向选中的对象并用左键拖拽可以拖动该对象。该方式不仅对整个对象有效，而且对对象中单独的标签也有效。也可以通过点击对象快捷菜单"Drag Object"项完成对象的拖动。

如果线路自动路径器功能被使能，则被拖动对象上所有的连线会重新排布或者修整。这会花费一定的时间，特别是在对象有很多连线的情况下，这时鼠标指针变为一个"沙漏"形状。如果错误拖动一个对象，所有的连线都被打乱，则可以使用"Undo"命令撤销操作，将其恢复为原来的状态。

（5）拖动对象标签

很多类型的对象有一个或者多个属性标签。例如，每个元件有一个"reference"标签和一个"value"标签，可以移动这些标签使得电路图看起来更美观。

移动标签的步骤如下：

① 选中对象。

② 用鼠标指向标签，按下鼠标左键。

③ 拖动标签到所需要的位置。如果想要定位得更精确,可以在拖动时改变捕捉的精度(捕捉的尺度可以由"VIEW"菜单的"Snap"命令设置，或者使用快捷键"Ctrl+F1""F2""F3"和"F4"）。

④ 释放鼠标。

（6）调整对象大小

子电路、图标、线、框和圆的大小可以被调整。调整对象大小的步骤如下：

① 选中这些对象。

② 对象的周围会出现黑色的小方块，即"手柄"。

③ 用鼠标左键拖动这些"手柄"到新的位置，可以调整对象的大小。在拖动的过程中"手柄"会消失，以避免与对象的显示混叠。

（7）调整对象的朝向

用鼠标选中对象,点击右键弹出快捷菜单,如图 1-9 所示,点击"Rotate Clockwise""Rotate Anti-Clockwise""Rotate 180 degrees""X-Mirror""Y-Mirror"项即可使对象顺时针旋转、逆时针旋转、旋转 180°、按 X 轴镜像、按 Y 轴镜像。

（8）编辑对象

很多对象具有图形或者文本属性，这些属性可以通过一个对话框进行编辑。端点、线和总线标签都可以像元件一样编辑。

编辑对象的步骤如下：

① 选中对象。

② 用鼠标左键点击对象，或者使用快捷键"Ctrl+E"。

也可以通过元件的名称编辑元件，其步骤如下：

① 键入"E"，会弹出"查找和编辑元件"对话框，如图 1-10 所示。

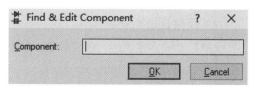

图 1-10 "查找和编辑元件"对话框

② 在弹出的对话框中输入元件的名称，按"确定"后将会弹出该元件的编辑对话框。

（9）复制所有选中的对象

复制一整块电路的步骤如下：

① 选中需要复制的对象：用鼠标左键/右键拖出一个选择框，把要复制的电路都框在里面。

② 用鼠标左键点击命令工具栏"▣"图标(Copy To Clipboard)。

③ 用鼠标左键点击命令工具栏"▣"图标(Paste From Clipboard)，出现需要复制的电路轮廓。

④ 把电路轮廓拖到需要的位置，点击鼠标左键放置。

当一组元件被复制后，它们的标注自动重置为随机态，以免出现重复的元件标注。

（10）移动所有选中的对象

移动一组对象的步骤如下：

① 选中需要移动的对象：用鼠标左键/右键拖出一个选择框，把需要移动的对象都框在里面。

② 按下鼠标左键把轮廓拖到需要的位置，松开鼠标。

使用块移动的方式可以移动一组导线，而不移动任何对象。

（11）删除所有选中的对象

删除一组对象的步骤如下：

① 选中需要移动的对象：用鼠标左键/右键拖出一个选择框，把需要删除的对象都框在里面。

② 用鼠标左键点击命令工具栏"▨"图标(Block Delete)。

如果错误删除了对象，可以用鼠标左键点击命令工具栏"↻"图标（Undo Changes），将其恢复为原状。

3）连线

鼠标点击模式选择工具栏"▷"图标（Component Mode），光标显示为笔状。

（1）在两个对象间连线

其步骤如下：

① 单击第一个对象连接点。

② 单击另一个连接点。

如果想设定连线路径，只需要在拐点处点击鼠标左键。在连线的过程中，可以按"Esc"键放弃连线。

（2）线路自动路径器

线路自动路径器可以省去标明每根连线具体路径的麻烦。这个功能在两个连接点间直接定出对角线时是很有用的。

该功能默认是打开的，但可以通过以下两种途径略过该功能：

　　① 如果单击一个连接点，然后单击一个或者几个非连接点的位置，ISIS 将认为处在手工定线的路径，这就要单击线的路径的每个转折点，最后路径是通过单击另一个连接点来完成的。若只是单击两个连接点，线路自动路径器将自动选择一个合适的路径。

　　② 鼠标点击命令工具栏的"🔁"图标（Wire Autorouter）可关闭线路自动路径器。

（3）重复布线

　　假设要连接某芯片的 27 ~ 34 管脚到电路图的主要数据总线，如图 1-11 所示。首先单击A，然后单击芯片的 34 脚，在 A 和芯片的 34 脚之间画 1 根水平线。双击 B，重复布线功能被激活，会自动在 B 和芯片的 33 脚之间布线。双击 C、D、E、F、G、H，重复布线。

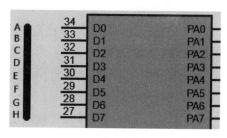

图 1-11　重复布线

　　重复布线完全复制上一根线的路径。如果上一根线为手工布线，则自动复制该路径。如果上一根线已经是自动重复布线，则仍旧自动复制该路径。

（4）移动线段或者线段组

　　移动线段或者线段组的步骤如下：

　　① 在需要移动的线段周围拖出一个选择框。

　　② 点击命令工具栏的"🔀"图标（Block Move）。

　　③ 移动鼠标至合适位置，单击结束移动。

　　由于对象被移动后节点可能仍然留在原来对象位置的周围，因此 ISIS 提供了一项可快速删除线中不需要的节点的技术。

（5）从线中移走节点

　　从线中移走节点的步骤如下：

　　① 选中要处理的线。

　　② 用鼠标指向节点一角，按下左键。

　　③ 拖动该角和自身重合。

　　④ 松开鼠标左键，ISIS 将从线中移走该节点。

4）器件标注

　　器件标注有手动标注、全局标注器、属性分配工具和实时标注 4 种方式。默认选择是实时标注，可以在绘图完成后使用属性分配工具或者自动标注工具对标注进行调整。

（1）手动标注

　　选中对象，单击鼠标右键弹出快捷菜单后点击"Edit Properties"项，手动标注在"对象属性编辑"（Edit Properties）对话框中进行设置。

（2）全局标注器

　　全局标注器用于对原理图中的器件进行自动标注。

选择"Tools"菜单中的"Global Annotator"命令，弹出"全局标注设置"对话框，如图1-12 所示。

使用全局标注器可以对整个设计进行快速标注，也可以标注未被标注的器件（即图中"?"的器件）。全局标注器有 2 种操作模式：

① 增量标注：标注限于特定范围（整个设计或者当前图纸）内未被标注的元件。

② 完全标注：标注限于特定范围（整个设计或者当前图纸）内的全部元件。

对于层次化设计的电路推荐使用"完全标注"模式。

图 1-12 "全局标注设置"对话框

（3）属性分配工具

使用属性分配工具可以放置固定或者递增的标注。

例如，要重新标注 R3 之后的电阻，即从 R3 开始，产生增量为 1 的序列 R4、R5 等标注电阻，此时可以使用属性分配工具，步骤如下：

① 选择"Tools"菜单中的"Property Assignment Tool"命令，弹出如图 1-13 所示的"参数设置"对话框。

② 在"String"文本框中输入"REF=R#"，在"Count"栏中输入"3"，单击"OK"按钮即可完成设置。

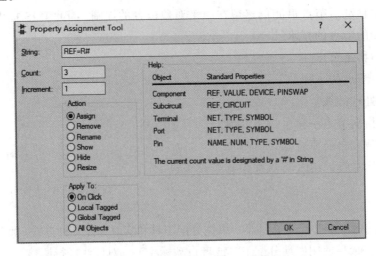

图 1-13 "参数设置"对话框

ISIS 会自动进入选择模式，这样就可以通过单击元件来完成编号工作。

属性分配工具也可以应用于其他的场合，比如修改器件量值、替换器件和总线标号放置等，是一个非常强大的应用工具。

（4）实时标注

选择实时标注功能后，器件放置时会自动获得标注。

1.2.3　原理图绘制举例

以 8255 并行接口扩展实验电路（如图 1-14 所示）为例介绍原理图绘制流程。

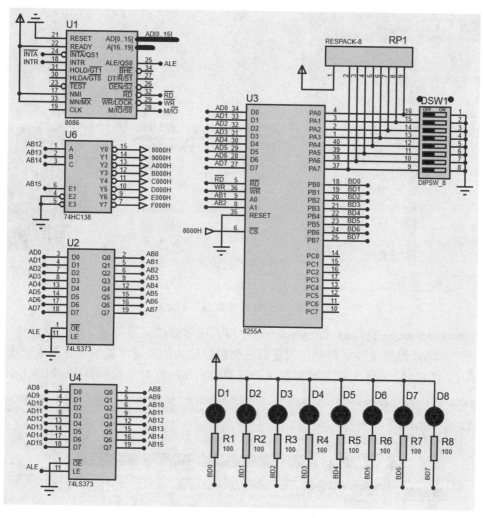

图 1-14　8255 并行接口扩展实验电路

图 1-14 所示电路图中使用的电路元器件清单如表 1-4 所示。

表 1-4　电路元器件清单

序号	1	2	3	4	5	6	7	8
名称	8086	74LS373	74HC138	8255A	RESPACK-8	DIPSW_8	LED-YELLOW	RES

1）从库中选取元器件

如图 1-15 所示，按下对象选择器左上方的"P"按钮，也可以通过快捷键来启动"元件库浏览器"对话框（默认的快捷键是 P）。

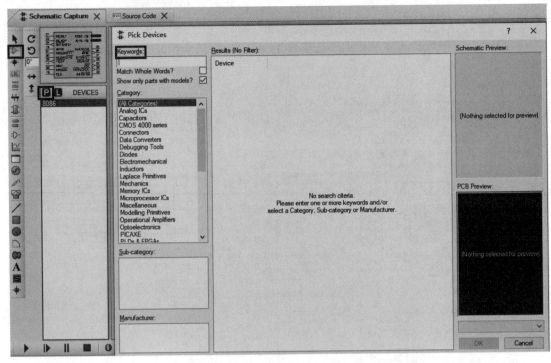

图 1-15 "元件库浏览器"对话框

在"Pick Devices"窗口的"Keywords"中输入所需要的元器件名。可以试着将"8255"输入到元件库浏览器的关键字栏中，浏览器将会根据输入的关键字提供元件列表供选择，在元件列表中的"8255"元件上双击鼠标左键把需要的元件放到对象选择器中，如图 1-16 所示。

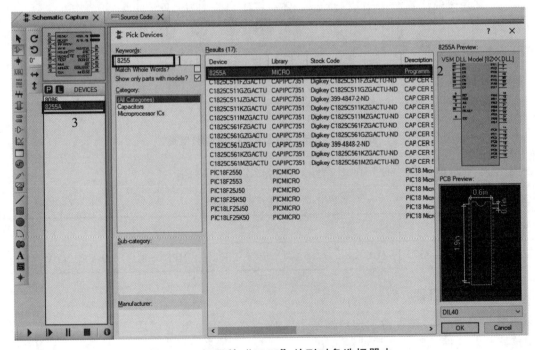

图 1-16 把元件"8255"放到对象选择器中

以此类推，将所需元器件全部选好，如图 1-17 所示。

2）电路图布局

（1）从对象选择器中选中"74LS373"，如图 1-18 所示。

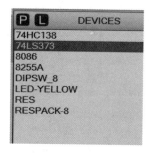

图 1-17　所需元器件全部放到对象选择器中　　图 1-18　从对象选择器中选中"74LS373"

（2）在编辑窗口中单击鼠标左键进入放置模式，将出现 74LS373 元件的虚影，如图 1-19 所示。

（3）移动鼠标到放置位置，在编辑窗口中再次点击鼠标左键，器件将放置到编辑窗口的对应位置上，如图 1-20 所示。

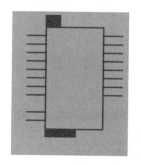

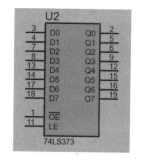

图 1-19　元件放置模式　　图 1-20　器件将放置到编辑窗口的对应位置

通常我们需要在放置元件后移动元件或一整块电路。先选择要移动的对象（元件或电路块），在选择的对象上按住左键，移动鼠标到新的位置，然后释放鼠标左键，将对象放置到新位置。

（4）在放置好芯片 74LS373 之后，下一步就是放置其他外围部件并调整好方向。

（5）放置终端：鼠标点击"模式选择"工具栏的"目"图标，在对象选择器中列出各种终端（"输入""输出""电源"和"地"等），将"电源""地""输入"和"输出"放置到合适位置，如图 1-21 所示。

3）电路图布线

放置好元件后，就可以开始连线。在 ISIS 中没有连线模式，即连线可以在任何时候放置或者编辑。开始放置连线后，连线将随鼠标以直角方式移动，直至到达目标位置。在连线过程中，光标样式会随着不同动作而变化。起始点是绿色铅笔，过程是白色铅笔，结束点是绿色铅笔。

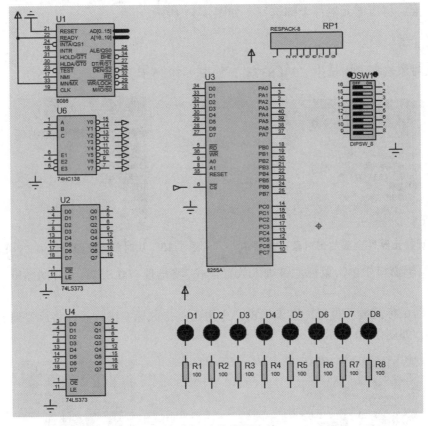

图 1-21 元件放置完毕

（1）将鼠标放置在 8255 的 PA0 引脚上时，光标会自动变成绿色铅笔，如图 1-22 所示。

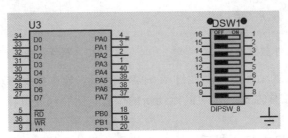

图 1-22　连线起点

（2）点击鼠标左键，然后向右移动鼠标到 DIPSW_8 的 16 管脚处，导线将会跟随移动，在移动的过程中光标（画线笔）将变成白色，如图 1-23 所示。

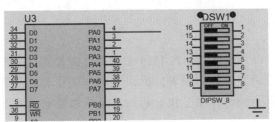

图 1-23　连线中

（3）再次点击鼠标左键以完成画线，如图1-24所示。

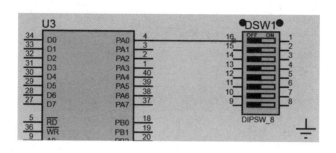

图1-24　连线终点

（4）将鼠标放置在8255的PA1引脚上，双击鼠标，重复布线功能被激活，自动在PA1和DIPSW_8的15脚间布线，如图1-25所示。

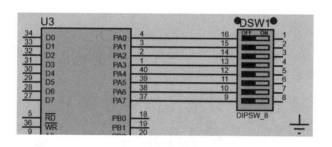

图1-25　自动布线

注意：这种方法画出的导线与前一次画出的导线必须是一模一样的，即方向相同、长度相等，而且必须连续操作。

在导线上进行连线的方法基本是相同的，但仍然有几个地方需要注意：

① 不可以从导线的任意位置开始连线，而只能从芯片的管脚开始连线，连接到另一根导线。

② 当连接到其他已经存在的导线时，系统会自动放置节点，然后结束连线操作。

③ 在连线过程中，如果需要连接两根导线，操作步骤如下：首先需要在其中一根导线上放置节点，再从这个节点上连线到另一根导线。

放置节点的方法：鼠标点击"模式选择"工具栏的图标"➕"，移动鼠标至合适位置再单击鼠标左键即可。

按照以上方法完成图1-21所示电路图的布线。

4）元器件标签和标号

所有放置到原理图中的元器件都有一个唯一的参考标号和元件值。元件的参考标号是把元件放置到原理图上时系统自动分配的，如果需要，也可以手动修改。对于其他的标签，如元件值标签，可以更改元件值，更改摆放的位置，选择显示或隐藏等操作。以编辑元件8255A为例，其步骤如下：选中元件8255A后，点击鼠标左键弹出"编辑元件"窗口，如图1-26所示。

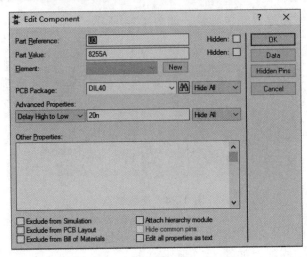

图 1-26 "编辑元件"对话框

5）属性赋值工具的使用

属性赋值工具可以用来快速地设置元器件值、引脚标号等。如图 1-27 所示，需要给 74LS373 的 Q0 ~ Q7 脚添加标号 AB0 ~ AB7。

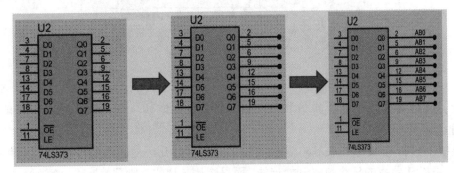

图 1-27 给 74LS373 添加标号的过程

具体操作如下：

（1）打开属性赋值工具，快捷键是"A"，如图 1-28 所示。

图 1-28 打开属性赋值工具

（2）属性赋值工具界面如图 1-29 所示。在字符串窗口输入"NET=AB#"，点击"确定"。

依次在 74LS373 的 Q0 ~ Q7 脚单击鼠标左键，添加标号 AB0 ~ AB7，如图 1-30 所示。

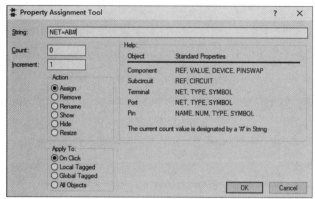

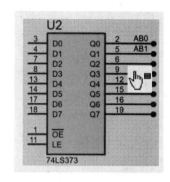

图 1-29　属性赋值工具界面

图 1-30　给 74LS373 添加标号

6）连接终端

给原理图中的每个终端命名，即标上网络标号。给终端命名非常重要，因为终端名指明了它连接到的电路网络。使用两个相同名字的终端最基本的作用就是把原理图中不同位置的元件连接起来，而不必使用长长的导线来连线，减小了电路连线的复杂程度，而且还可以将原理图分割成容易识别的逻辑块。

7）完成原理图

完成以上步骤后，最后得到 8255 并行接口扩展实验电路原路图如图 1-14 所示。

1.3　编译工程

1.3.1　编译器配置

打开一个工程，单击源代码选项卡将源代码窗口置页面最前端，如图 1-31 所示。点击菜单栏 "System->Compilers Configurations"，弹出如图 1-32 所示的 "Compilers" 对话框，这个对话框列出了所有支持的编译器，并指示是否被安装和配置。在对话框中，点击 "Check All" 按钮，如能找到如图 1-33 所示的编译器 MASM32，则安装正确，点击 "OK" 关闭对话框；否则需要下载并安装 MASM32 编译器。

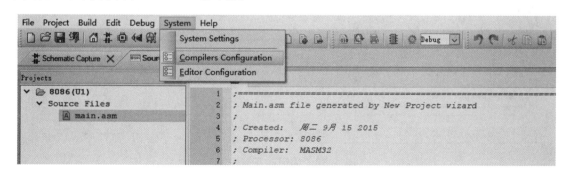

图 1-31　打开 "Compilers Configurations" 对话框

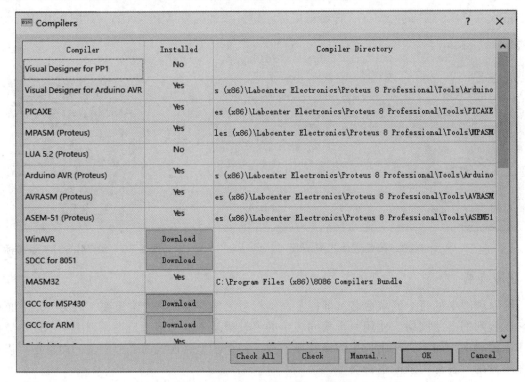

图 1-32 "Compilers" 对话框

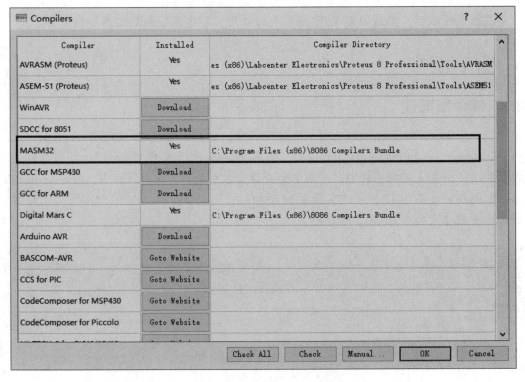

图 1-33 编译器正确安装

1.3.2　构建工程

点击菜单栏"Build->Build Project"，编译器的输出将显示在"VSM Studio Output"窗口，编译成功，会得到一个编译成功的信息，如图 1-34 所示。

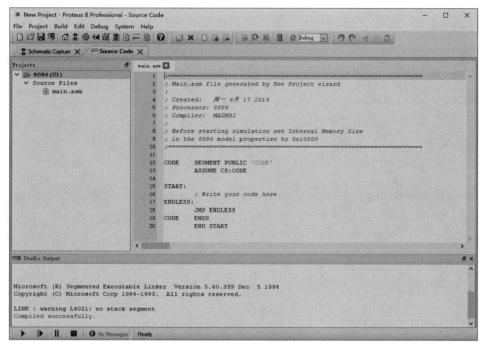

图 1-34　编译成功

点击菜单栏"Build->Project Settings"，如果需要工程文件和源代码文件在同一路径，则需要取消"Embed Files"的复选勾，如图 1-35 所示。否则源代码及编译结果会自动放到 Proteus 安装路径。

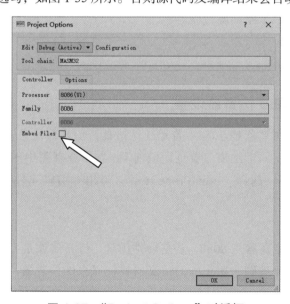

图 1-35　"Project Options"对话框

1.3.3　添加源代码

1）添加现成的汇编代码文件

　　鼠标移动到 Projects 子窗口"Source Files"上，点击右键弹出快捷菜单，如图 1-36 所示。选"Add New File"或者"Add Files"，即可将所选文件中的现成源代码添加到工程。

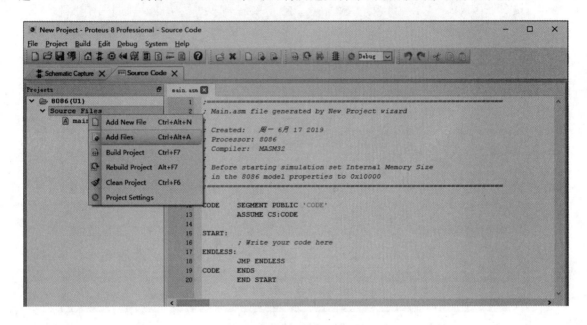

图 1-36　添加现成的汇编代码文件

2）手工添加源代码

　　在源代码子窗口中手工添加源代码。

1.4　仿真调试

1.4.1　8086/USB8086 仿真器设置

　　若是纯软件仿真，仿真器是 8086。若是硬件仿真，仿真器就是 USB8086。

　　单击原理图选项卡将原理图窗口置页面最前端，右击原理图中的 8086/USB8086，弹出如图 1-37 所示的快捷菜单，选择"Edit Properties"，弹出"编辑元件"对话框，按照图 1-38 所示设置参数。

　　（1）Part Value

　　若是纯软件仿真，仿真器是 8086。若是硬件仿真，仿真器就是 USB8086。请认真检查仿真器是否正确，否则在原理图中用正确的仿真器替换原来的仿真器。本例是纯软件仿真，故 Part Value 为 8086。

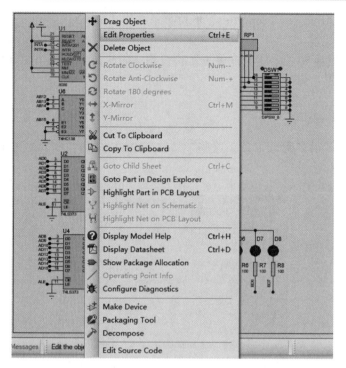

图 1-37 8086/ USB8086 仿真器快捷菜单

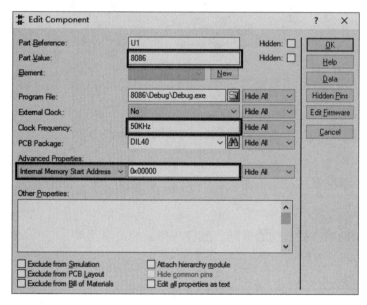

图 1-38 仿真器参数设置

（2）Clock Frequency

时钟频率设置在 200 kHz 以内，本例设置为 50 kHz。

（3）Advanced Properties

① 鼠标点击"Advanced Properties"下拉菜单，选"Internal Memory Start Address"，其参数设置为"0X00000"。

② 鼠标点击"Advanced Properties"下拉菜单,选"Internal Memory Size",其参数设置为"0X10000"。

这两个参数可以根据具体情况设置大小,注意内存大小不能为 0,且足够用于代码和数据的存储。

1.4.2 调试工具

Proteus 中提供了很多调试工具,这些工具位于 Proteus 的"Debug"(调试)菜单下,如图 1-39 所示。

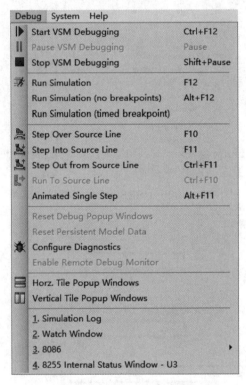

图 1-39 "Debug"菜单

(1)第一栏

"Debug"菜单的第一栏是仿真开始、暂停与停止的控制菜单,与 Proteus ISIS 左下角的仿真控制按钮的功能是一样的。

(2)第二栏

"Debug"菜单的第二栏是执行菜单,可以执行一定的时间后暂停,也可以加断点执行和不加断点执行。

(3)第三栏

"Debug"菜单的第三栏是代码调试菜单,有单步、连续单步、跳进/跳出函数、跳到光标处等功能。

(4)第四栏

"Debug"菜单的第四栏是诊断和远程调试监控,但 8086 没有远程监控功能。诊断可以对总线读/写、指令执行、中断事件和时序等进行跟踪。有 4 个级别，分别是取消、警告、跟踪和调试。级别不同，对事件记录也不同。例如，如果要对中断的整个过程进行详细的分析，则可以选择跟踪或者调试级别，ISIS 会对中断产生的过程、响应的过程进行完整的记录，有助于加深理解中断过程。

（5）第五栏

"Debug"菜单的第五栏的 2 个命令是"水平设置"弹出窗口和"垂直设置"弹出窗口。

（6）第六栏

点击"Debug"菜单的"仿真开始"（或者 Proteus ISIS 左下角的仿真工具栏"▶"按钮），第六栏才会在"Debug"菜单中出现。第六栏显示的某些项与具体的工程有关，图 1-39 所示是 8255 并行接口扩展实验的"Debug"菜单。

8086 有各种调试窗口，包括"源代码"窗口、"观察"窗口、"变量"窗口、"寄存器"窗口和"存储器"窗口。其中"源代码"调试窗口是最主要的调试窗口，可以设置断点，下一节会详细介绍。"观察"窗口可以添加变量进行观察，并且可以设置条件断点，这在调试程序的时候非常有用。"变量"窗口会自动把全局变量添加进来，并实时显示变量值，但不能设置条件断点。"寄存器"窗口实时显示 8086 各个寄存器的值。"存储器"窗口实时显示存储器的内容。

1.4.3　基本调试

Proteus 最强大的功能就是代码和电路的联合调试。本节以 8255 并行接口扩展实验电路为例介绍其基本调试功能。

启动该工程，点击"Build"菜单的"Build Project"命令，编译成功后，按下仿真工具栏"▶"按钮就可以运行仿真，软件将自动切换到原理图页面进行仿真，在 Proteus 软件底部的状态栏显示了仿真运行的时间，如图 1-40 所示。仿真很可能不是实时的，这取决于计算机的性能、处理器的速度和原理图的复杂程度。

| ▶ | ▶❙ | ❙❙ | ■ | | ❶ 9 Message(s) | ANIMATING: 00:00:06.400000 (CPU load 3%) |

图 1-40　仿真运行时间

按下仿真工具栏"❙❙"按钮，又会切换到源代码页面。

如果我们需要观察代码的单步运行，同时又需要观察原理图某一小部分的仿真结果，那么在原理图页面和源代码页面之间来回切换很麻烦，会大大降低调试效率，这时可以使用"调试弹出"窗口功能。

1）"调试弹出"窗口

Proteus 提供了一个"调试弹出"窗口控件，在仿真调试的过程中，可以将原理图中选定的一部分电路在源代码页面中显示出来。

其步骤如下：

（1）切换到原理图页面（未运行仿真或者仿真为停止状态），点击"模式选择"工具栏中的"▢"图标。

（2）从元件"DIPSW-8"左上角开始拖出一个大小合适的框包围"DIPSW-8"。

（3）然后单击鼠标，会看到元件"DIPSW-8"周围有一个蓝色的虚线框，如图 1-41 所示。

　如果拖的过程中出现问题，可以右键双击虚线框进行删除。同样，如果虚线框的位置有问题，也可以右键点击虚线框然后选择"移动对象"菜单进行移动。

（4）重复以上步骤拖出一个虚线框将显示元件（8 个 LED）包围，如图 1-42 所示。

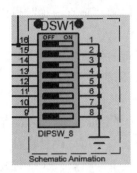

图 1-41　"DIPSW-8"被虚线框包围

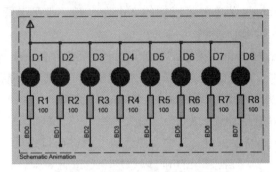

图 1-42　8 个 LED 被虚线框包围

　完成以后，原理图如图 1-43 所示。

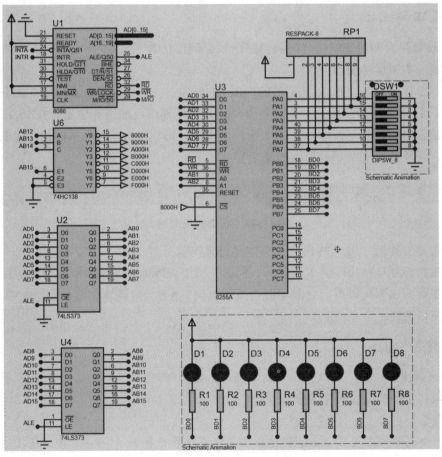

图 1-43　原理图中调试弹出模式选中的电路

按下"运行"按钮进行仿真，并切换到源代码页面，在源代码页面的右边将显示刚才选择的部分原理图，如图 1-44 所示。

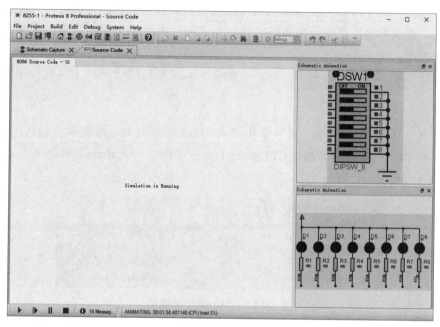

图 1-44　"调试弹出"模式选中的电路显示在代码页面

"调试弹出"窗口非常有用，它不仅将原理图中标记的区域显示到调试环境中，而且还可以进行交互仿真。例如，如果把元件 DIPSW-8 的第 1、3、5 个开关向右拨向"ON"，则对应的第 1、3、5 个 LED 会点亮，如图 1-45 所示。

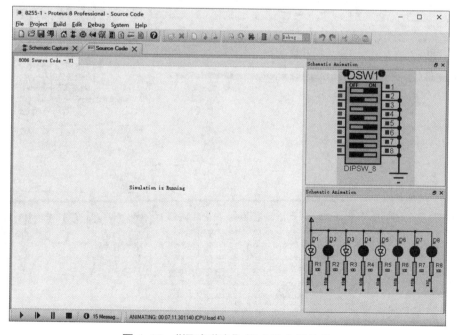

图 1-45　"调试弹出"模式的交互仿真

切换回到原理图页面，会看到原理图中的状态和"调试弹出"窗口中的一样。当停止仿真时（在仿真工具栏点击"停止"按钮），"调试弹出"窗口会消失，代码页面将从调试状态切换回设计编辑状态，可以再次编辑和编译源代码。只有当仿真停止以后，才能在原理图中创建或调整"调试弹出"窗口。仿真还在运行时，可以在代码页面通过拖动来调整"调试弹出"窗口的大小。

到此已经配置完成"调试弹出"窗口，接下来介绍如何使用调试工具进行代码的调试。

2）单步调试

按下仿真工具栏"▶"按钮，进入单步调试状态，点击"Debug"菜单的最后一栏"8086"，弹出如图 1-46 所示的子菜单，点击"Memory Dump"项和"Registers"项，打开 8086 的"存储器"窗口和"寄存器"窗口。

图 1-46　8086 调试子菜单

每按"▶"按钮一下，执行一条语句，可以同时观察此时"存储器"窗口和"寄存器"窗口的内容以及"调试弹出"模式选中的电路的运行结果，方便调试程序，如图 1-47 所示。

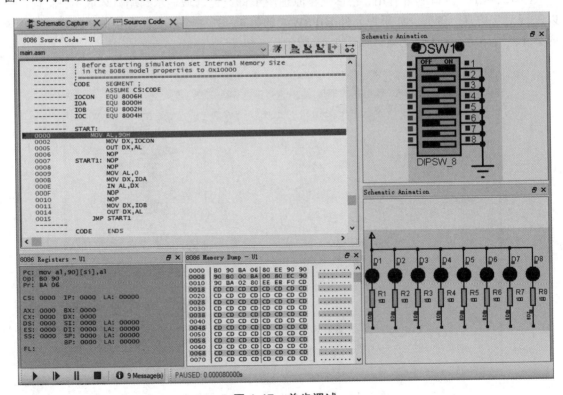

图 1-47　单步调试

3）设置断点

程序处于单步仿真或者暂停仿真状态，在希望放置断点的代码行进行双击，断点指示器（1 个实心小红点）将会出现在源代码窗口的代码行左边。如果误设了一个断点，可以在这行第二次双击，刚才的小红点会变成空心，表明曾经被设置为断点。如果第三次双击，则空心小红点会消失。

设置断点后，如果点击"运行"按钮运行仿真，会全速执行代码，代码执行到断点处，仿真将暂停。到达断点以后，可以通过"源代码"窗口右上角的工具栏或"Debug"菜单中的常用命令单步执行代码。另外可以使用快捷键"F10"和"F11"分别进行单步跳过调试和单步进入函数内部调试。

在"源程序"窗口中点击鼠标右键，弹出如图 1-48 所示的快捷菜单。根据调试需要点击相应的菜单项。

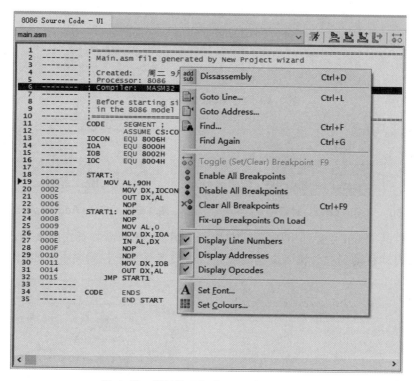

图 1-48　"源代码"窗口调试快捷菜单

（1）第一栏

点击第一栏的"Dissassembly"，会显示机器码，如图 1-49 所示。

（2）第二栏

点击第二栏的"Goto Line"，会弹出如图 1-50 所示对话框，输入行号再点击"OK"按钮，光标会自动移动到指定的行。源代码窗口的第一列即为每一行的行号。

点击第二栏的"Goto Address"，会弹出如图 1-51 所示对话框，输入地址再点击"OK"按钮，光标会自动移动到指定地址的那一行。"源代码"窗口的第二列即为每一行代码所在的地址。

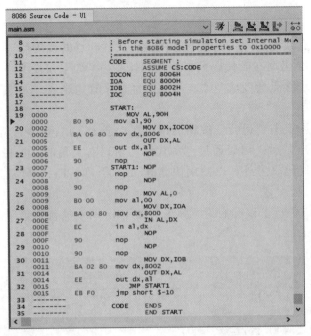

图 1-49 "Dissassembly" 功能

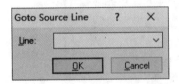

图 1-50 "Goto Line" 对话框

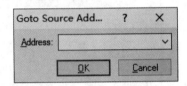

图 1-51 "Goto Address" 对话框

点击第二栏的"Find"，会弹出如图 1-52 所示对话框，输入需要查找的文本，再点击"OK"按钮，光标会自动移动到包含输入文本的那一行，或者显示未找到文本，如图 1-53 所示。

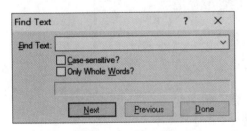

图 1-52 "Find Text" 对话框

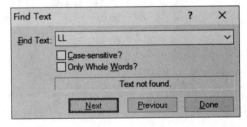

图 1-53 "Find Text" 对话框显示未找到信息

（3）第三栏

第三栏是与断点设置有关的功能。

"Toggle(Set/Clear)Breakpoint"命令：点击一次是将光标所在行代码设置一个断点，断点指示器将会出现在代码行左边。再次点击该命令，断点指示器小红点会变成空心，断点被取消，表明曾经被设置为断点。如果第三次点击该命令，则空心小红点会消失。

"Enable All Breakpoints"命令：点击后，"源代码"窗口中所有空心小红点都会变成实心小红点，所有断点有效。

"Disable All Breakpoints"命令：点击后，"源代码"窗口中所有实心小红点都会变成空心小红点，所有断点无效。

"Clear All Breakpoints"命令：点击后，"源代码"窗口中所有实心和空心的小红点都会消失，所有断点取消。

"Fix-up Breakpoints On Load"命令：点击后，下一次打开该工程，设置的断点仍然保留。

（4）第四栏

第四栏的 3 个命令的功能分别是显示行号、显示地址、显示机器码，如图 1-48 中"源代码"窗口的第一列、第二列、第三列所示。

（5）第五栏

点击第五栏的"Set Font"命令后，会弹出如图 1-54 所示的对话框，选择合适的字体、字形和大小，再单击"确定"按钮即可。

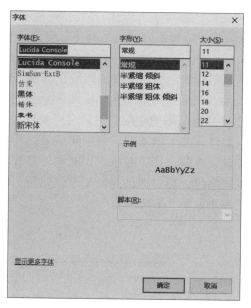

图 1-54　"Set Font"对话框

点击第五栏的"Set Colours"命令后，会弹出如图 1-55 所示的对话框，可以分别选择断点指示器、行号、地址、机器码和汇编代码等的颜色。

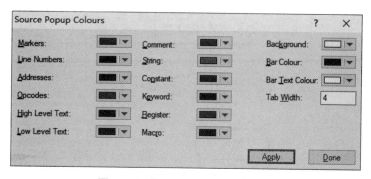

图 1-55　"Set Colours"对话框

第 2 章 8086 汇编语言程序设计

2.1 汇编语言程序设计开发过程

汇编语言程序设计一般包括以下几个步骤：

（1）分析问题，画出流程图。分析任务，确定算法，并画出描述算法的流程图，使得编写程序时逻辑更加清晰。

（2）编写源程序。用编辑软件编辑汇编语言源程序，得到一个扩展名为 ".ASM" 的源程序文件。

（3）编译、链接。编译是把汇编语言源程序文件转化为机器能识别的二进制目标文件。目标文件的后缀是 ".OBJ"。常见的汇编编译器有 Microsoft 公司的 MASM 系列和 Borland 公司的 TASM 系列编译器。链接是把汇编产生的二进制目标文件生成可执行文件（.EXE）。

（4）运行。执行可执行文件，并可以随时了解中间结果以及程序执行流程情况。

（5）调试。可以单步或者设置断点执行程序，到断点处查看寄存器与内存的内容。当程序在设计上存在逻辑错误或缺陷时，通过调试能快速定位问题，发现和改正程序中的错误。

整个汇编程序设计的流程图如图 2-1 所示。

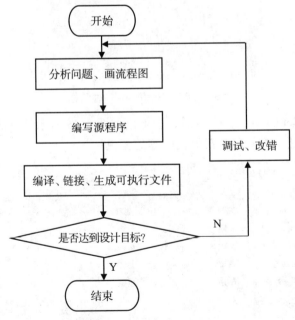

图 2-1 汇编程序设计流程图

汇编语言程序设计的方法包括顺序、分支、循环、子程序的设计等。

2.2　顺序程序设计

顺序程序是最简单也是最基本的程序结构形式，程序中没有用到分支和循环，没有控制转移类指令，它的执行流程与指令的排列顺序完全一致，顺序程序设计是所有程序设计的基础。

顺序结构指令的先后次序安排很重要，还要保存已得到的处理结果，为后面进一步的处理直接提供前面的处理结果，从而避免不必要的重复操作。

例 2-1　2 个 64 位无符号数相加。

解

（1）分析问题

在 8086/8088CPU 中，只有 8 位或 16 位运算指令，没有 32 位和 64 位以上的运算指令。

（2）确定算法

要进行 64 位的加法运算，可以利用 16 位加法指令分别相加 4 次来实现。

（3）画出程序流程图

本题简单，此处略。

（4）确定汇编语言程序的基本框架

该汇编语言程序的基本框架至少有 2 个段，即数据段和代码段。数据段中至少定义 3 个变量，即 2 个加数变量 NUM1、NUM2 及 1 个和变量 SUM，都是 DW 类型。和变量 SUM 大小未知。因为需要做 4 次加法，需要 1 个计数器或者指针，可以选择寄存器 BX 充当。

（5）编写程序

由以上分析可知，需要用到 MOV、ADD、ADC 和 INC 等指令。具体程序如下：

```
CODE SEGMENT
        ASSUME CS:CODE,DS:DATA
START:
        MOV AX,DATA
        MOV DS,AX
        LEA BX,NUM1
        MOV AX,[BX]
        ADD AX,[BX+8]
        MOV [BX+16],AX

        INC BX
        INC BX
        MOV AX,[BX]
        ADC AX,[BX+8]
        MOV [BX+16],AX

        INC BX
        INC BX
        MOV AX,[BX]
```

```
            ADC AX,[BX+8]
            MOV [BX+16],AX

            INC BX
            INC BX
            MOV AX,[BX]
            ADC AX,[BX+8]
            MOV [BX+16],AX

            MOV AX,0
            ADC AX,0
            MOV [BX+18],AX
    ENDLESS:
            JMP ENDLESS
    CODE  ENDS
    DATA  SEGMENT
            NUM1 DW 1234H,5678H,9ABCH,0DEF0H
            NUM2 DW 2019H,0325H,2020H,1107H
            SUM DW ?
    DATA ENDS
            END START
```

一般情况下，程序中的指令是逐条按顺序执行的。但在很多情况下，会根据需要，有条件或者无条件地转移到另一指定的地址，从该地址继续往下执行指令。转移到的另一指定地址，称为"转移地址"；该地址处的指令，称为"转移的目标指令"。控制转移指令包括以下4类：无条件跳转指令和条件跳转指令、循环控制指令、子程序调用和返回指令、中断指令和中断返回指令。

2.3　分支程序设计

计算机在完成某种运算或某个过程的控制时，常常需要根据不同的情况，实现不同的功能。分支结构是实现程序选择功能所必有的程序结构，它主要通过转移指令来实现。由于转移指令会改变原有的结构，因此，在编写汇编语言分支程序时要谨慎。分支程序的执行过程，通常是先进行某种条件的判定，根据判定的结果决定程序的流向。

在设计分支程序时，必须注意以下几点：

（1）正确选择分支形成的判定条件和相应的条件转移指令。

（2）对每个分支程序的入口，一定要给出标号，标明不同分支的转向地址。必须保证每条分支都有完整的结果。

（3）所有分支都必须进行检查和调试。因为某几条分支正确，不能说明整个程序是正确的。

2.3.1　简单的二分支结构设计

例 2-2　将 X、Y 这 2 个无符号 8 位数中较大的数赋值给 MAX。

解

（1）分析问题

这是典型的二分支结构，确定分支的条件是：X>Y 吗？

（2）确定算法

采用比较转移指令，利用寄存器 AL 来保存中间结果。因为读取寄存器比读取存储器要快，并且汇编语言指令不允许 2 个操作数都为存储单元。

（3）画出程序流程图

该程序的流程图如图 2-2 所示。

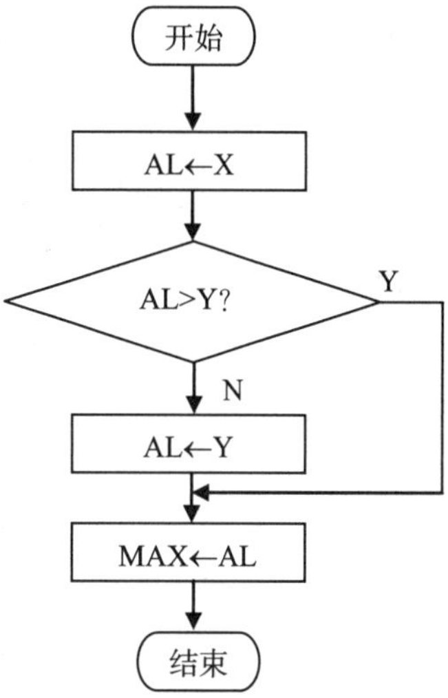

（4）确定汇编语言程序的基本框架

该汇编语言程序的基本框架至少有 2 个段：即数据段和代码段。数据段中至少定义 3 个变量：2 个数 X、Y 和 1 个最大数 MAX，都是 8 位数，应选择 DB 类型。另外还用到了寄存器 AL。

（5）编写程序

由以上分析可知，需要 MOV、CMP 和 JA 等指令。具体程序如下：

图 2-2　例 2-2 的程序流程图

```
CODE SEGMENT
        ASSUME CS:CODE,DS:DATA
START:
        MOV AX,DATA
        MOV DS,AX
        MOV AL,X
        CMP AL,Y
        JA EXIT
        MOV AL,Y
EXIT:
        MOV MAX,AL
ENDLESS:
        JMP ENDLESS
CODE  ENDS
DATA  SEGMENT
        X DB 12H
        Y DB 21H
        MAX DB ?
DATA ENDS
        END START
```

2.3.2 多分支结构程序设计

多分支结构程序的设计比较复杂一些。关键是怎样根据条件对多分支进行判断，确定不同分支程序转移的入口地址。常见方法有逻辑分解流程图法、跳转地址表法、跳转指令表法等，下面介绍逻辑分解流程图法。

根据逻辑分解流程图，按照判别条件的先后，逐个进行判断和转移。设分支条件为 X_1、X_2、…、X_N，则得到的逻辑分解流程图如图 2-3 所示。

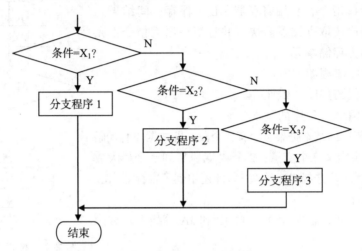

图 2-3　逻辑分解流程图

例 2-3　试编写执行符号函数 $Y = \begin{cases} 1 & X > 0 \\ 0 & X = 0 \\ -1 & X < 0 \end{cases}$ （$-128 \leqslant X \leqslant 127$）的程序。

解

（1）分析问题

由题意可知，这是多分支结构。本题有 3 个分支：X>0、X=0、X<0。按照逻辑分解的方法，可以先将其归并为 2 个条件：X≥0 和 X<0，由此形成 2 个分支；再将分支 X≥0 分解为 X>0 和 X=0，各分支均用条件转移指令来实现。

（2）确定算法

这里采用比较转移指令。

（3）画出程序流程图

程序流程图如图 2-4 所示。

（4）确定汇编语言程序的基本框架

该汇编语言的基本框架至少有 2 个段：数据段和代码段。数据段中至少定义 2 个变量：X 和 Y，由题设可知均为 8 位数，应该选择 DB 类型。假设任意给定的 X 值存放在 XX 单元中，函数 Y 的值存放在 YY 单元中。

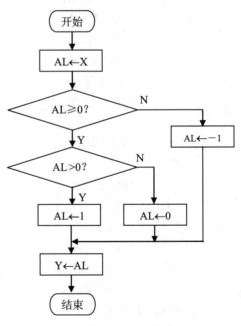

图 2-4　例 2-3 的程序流程图

（5）编写程序

由以上分析可知，需要 MOV、CMP 和程序转移等指令。具体程序如下：

```
CODE SEGMENT
        ASSUME CS:CODE,DS:DATA
START:
        MOV AX,DATA
        MOV DS,AX
        MOV AL,XX
        CMP AL,0
        JGE BIGER
        MOV AL,0FFH
        JMP EQUL
BIGER:
        JE EQUL
        MOV AL,1
EQUL:
        MOV YY,AL
ENDLESS:
        JMP ENDLESS
CODE  ENDS
DATA  SEGMENT
        XX DB -2
        YY DB ?
DATA ENDS
        END START
```

当分支较多时，这种方法不仅程序繁琐，而且各分支的判定需要花费很多时间，特别是最后一个分支的判定还在前面所有分支判定之后。可以采用其他方法，如跳转地址表法和跳转指令表法。

2.4　循环程序设计

在进行某些程序设计时，会遇到有些操作需要重复执行多次的情况，如果采用顺序结构会很麻烦，也会造成内存空间的浪费，这时可以采用循环结构。

2.4.1　程序的循环结构

一个完整的循环结构程序由以下几部分组成。

（1）循环初态设置部分

在循环开始时，往往要给循环过程置初态，即赋初值。循环的初态包括循环工作部分初态和循环结束条件的初态。循环工作部分的初态可能要设置地址指针，要使某些寄存器清零，或者设置某些标志等。循环结束条件的初态，往往需要设置循环次数。置初态是循环程序的重要部分，如果不注意就容易出错。

（2）循环体

循环体就是要求重复执行的程序段部分，其中又分为循环工作部分和循环调整部分。在循环调整部分修改循环参数，以保证每次循环所完成的功能不是重复的。

（3）循环结束条件部分

也称为循环出口判定部分。在循环程序中，必须给出循环结束条件，否则程序就会进入死循环。每循环一次检查循环结束的条件，当满足条件时，就停止循环，往下执行其他程序。

2.4.2 控制程序循环的方法

控制程序循环的方法就是选择循环控制条件，这是循环程序设计的关键。如果循环次数是已知的，可以用循环次数作为循环的控制条件，再配合使用 LOOP 指令。有时，循环次数虽然是已知的，但在循环中可能会根据其他特征或条件使循环提前结束，可以使用 LOOPZ 和 LOOPNZ 指令来实现这样的循环。如果循环次数是不确定的，就需要根据具体情况设计出循环结束的控制条件。常用的循环控制方法有计数控制法和条件控制法。下面分别加以讨论。

1）计数控制法

常见的循环是计数循环，即当循环一定的次数后就结束循环。一般使用 CX 寄存器作为计数器，对它的初值置循环次数，每循环一次减 1，当计数器的值减为 0 时，就停止循环。也可以把初值置为 0，每循环一次加 1，再与循环次数比较，若两者相等，就停止循环。

例 2-4 编写一个程序，计算 $SUM = A_1 \times B_1 + A_2 \times B_2 + \cdots + A_n \times B_n$。假设 A、B 均为无符号数，SUM 不会超过 65535。

解

（1）分析问题

由题意可知，这是求 n 个数的累加和，而每个数都是两个数组对应项的乘积，存在 n 次重复操作。

（2）确定算法

采用比较循环指令，循环次数是 n 次，故用循环次数作为循环的控制条件，再配合使用 LOOP 指令。循环控制采用计数控制。

（3）画出程序流程图

程序流程图如图 2-5 所示。

（4）确定汇编语言程序的基本框架

该汇编语言程序的基本框架至少需要 2 个段：数据段和代码段。数据段中至少定义 4 个变量：2 个数组变量 A 和 B，由题设可知均为 8 位数，应该选择 DB 类型，使用寄存器 SI 定位；1 个和变量 SUM，由题设可知为 16 位数，选择 DW 类型，其中间结果存放在寄存器 BX 中；还有 1 个变量 N，为循环次数，计数器用 CX。

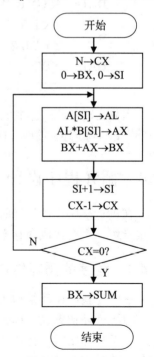

图 2-5 例 2-4 的程序流程图

（5）编写程序

由以上分析可知，需要 MOV、ADD、MUL、INC 和 LOOP 等指令。具体程序如下：

```
CODE SEGMENT
        ASSUME CS: CODE, DS:DATA
START:
        MOV AX, DATA
        MOV DS,AX
        XOR BX,BX
        XOR SI,SI
        MOV CX,N
LOOP1:
        MOV AL,A[SI]
        MUL B[SI]
        ADD BX,AX
        INC SI
        LOOP LOOP1
        MOV SUM,BX
ENDLESS:
        JMP ENDLESS
CODE  ENDS
DATA  SEGMENT
        A DB 1,2,3,4
        B DB 4,3,2,1
        SUM DW ?
        N EQU B-A
DATA ENDS
        END START
```

2）条件控制法

当循环次数不能确定或者想要减少循环执行的次数时，在循环程序设计中通常采用条件控制法，即根据某个条件的成立与否来控制循环的执行。

例 2-5　在首地址为 STRING 的数据区中，有一个含 20 个字符的字符串。试编写一个程序，测试该字符串中是否存在数字字符。若有数字字符，则 DL=1；否则 DL=9。

解

（1）分析问题

由题意可知,若要测试该字符串中有多少个数字字符,需要循环比较 20 次才能确定下来。但若第一次就遇到数字字符，循环就会结束。也就是说，虽然循环总次数是已知的，但根据给定的条件，有可能提前结束循环。所以可把条件控制法和计数控制法结合起来编写循环程序。

（2）确定算法

采用比较循环指令，配合使用 LOOP 指令。条件控制的条件是：第一次遇到数字字符，使用寄存器 SI 定位。计数控制的条件是：循环总次数为 20 次，循环次数计数器用 CX。

（3）画出程序流程图

程序流程图如图 2-6 所示。

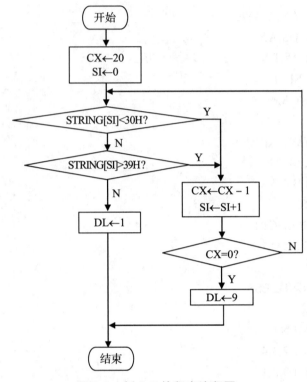

图 2-6　例 2-5 的程序流程图

（4）确定汇编语言程序的基本框架。

该汇编语言程序的基本框架至少有 2 个段：数据段和代码段。数据段中至少定义 1 个变量：字符串变量 STRING，由题设可知其为数字字符，显然为 8 位数，应该选择 DB 类型。

（5）编写程序

由以上分析可知，需要 MOV、JA、JB、INC、JMP 和 LOOP 等指令。具体程序如下：

```
CODE SEGMENT
        ASSUME CS:CODE,DS:DATA
START:
        MOV AX,DATA
        MOV DS,AX
        XOR SI,SI
        MOV CX,20
BEGIN:
        CMP STRING[SI],30H
```

```
        JB AGAIN
        CMP STRING[SI],39H
        JA AGAIN
        MOV DL,1H
        JMP ENDLESS
AGAIN:
        INC SI
        LOOP BEGIN
        MOV DL,9H
ENDLESS:
        JMP ENDLESS
CODE  ENDS
DATA  SEGMENT
        STRING DB 'abcdefghi8jklmnopqrs'
DATA ENDS
        END START
```

2.4.3　多重循环

　　如果在一个循环体内又出现一个循环结构的程序段，那么这种程序设计结构被称为多重循环或者嵌套循环。在实际工作中，一个循环结构难以解决实际应用问题，所以引入了多重循环。

　　在多重循环结构的设计中，主要应该掌握以下几点：

　　（1）内循环应该完全包含在外循环的里面，成为外循环体的一个组成部分，不允许循环结构交叉。

　　（2）每次通过外层循环再次进入内层循环时，内层循环的初始条件必须重新设置。

　　（3）外循环的初值应该安排在进入内循环之前，但必须在外循环体内。

　　（4）如果在各循环中都使用寄存器 CX 作为计数控制，那么由于只有一个计数寄存器 CX，因此在内循环设置 CX 初值之前，必须先保存外循环中 CX 的值；出内循环时，必须恢复外循环中使用的 CX 值。

　　（5）转移指令只能从循环结构内转出或在同层循环内转移，而不能从另一个循环结构外转入该循环结构内。

　　下面以一个实例来说明多重循环的使用方法。

　　例 2-6　试编写一个程序：设在以 SCORE 为首址的内存区中，依次存放着 10 个学生的 7 门成绩。现要统计每个考生的总成绩，并将其存放在该考生单科成绩后的 2 个单元中。

　　解

　　（1）分析问题

　　此例可以使用双重循环结构来完成。累加每个学生的 7 门成绩，使用一个内循环，对不同的学生重复同样的操作，使用外循环，次数为 10。

（2）确定算法

从第一个学生开始累加他的 7 门成绩，设 CX=7，使用一个内循环，每累加一次 CX 减 1，当 CX=0 时，控制内循环结束，并把总成绩存入到后续的 2 个单元中；然后累加第二个学生的成绩，累加过程同上；依次类推，可以累加每个学生的成绩。重要的是判断循环在什么时候将所有学生的成绩累加完毕，为此需要设计一层外循环，设置学生总人数→BL，每累加完一个学生，BL 的值减 1，直至 BL=0，外循环结束。

（3）画出程序流程图

根据以上思路，绘制程序流程图如图 2-7 所示。

（4）确定程序的基本框架

该程序的基本框架至少有 2 个段：数据段和代码段。数据段中至少定义 1 个数组变量 SCORE，因为学生成绩不会超过 100 分，故选 DB 类型，共 10 组，每组 10 个数据，第一个数是学号，接着是 7 门成绩，最后是该生的总成绩，显然是 16 位数，应该占据该考生单科成绩后的 2 个单元，初始化为 00,00。使用寄存器 SI 定地址位。累计总成绩的中间结果存放在寄存器 AX 中。外循环次数计数器用寄存器 BL，内循环次数计数器用寄存器 CX。

（5）编写程序

由以上分析可知，需要 MOV、LEA、ADD、ADC、XOR、INC、JNZ、DEC 和 LOOP 等指令。具体程序如下：

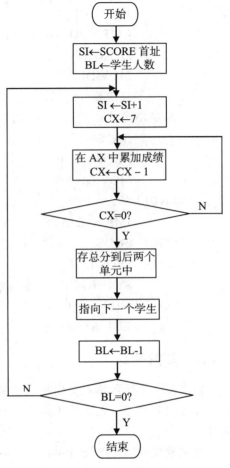

图 2-7　例 2-6 的程序流程图

```
CODE SEGMENT
        ASSUME CS:CODE,DS:DATA
        MOV AX,DATA
        MOV DS,AX
BEGIN:
        LEA SI,SCORE
        MOV BL,10
LOOP2:
        MOV CX,7
        XOR AX,AX
        INC SI
LOOP1:
        ADD AL,SCORE[SI]
        ADC AH,0
```

```
        INC SI
        LOOP LOOP1
        MOV WORD PTR SCORE[SI],AX
        INC SI
        INC SI
        DEC BL
        JNZ LOOP2
ENDLESS:
        JMP ENDLESS
CODE   ENDS
DATA   SEGMENT
        ORG 30h
        SCORE DB 01,11,11,11,11,11,11,11,00,00
              DB 02,65,70,75,80,85,90,95,00,00
              DB 03,65,70,75,80,85,90,95,00,00
              DB 04,65,70,75,80,85,90,95,00,00
              DB 05,65,70,75,80,85,90,95,00,00
              DB 06,65,70,75,80,85,90,95,00,00
              DB 07,65,70,75,80,85,90,95,00,00
              DB 08,65,70,75,80,85,90,95,00,00
              DB 09,65,70,75,80,85,90,95,00,00
              DB 10,65,70,75,80,85,90,95,00,00
DATA ENDS
        END BEGIN
```

2.5　子程序设计

　　子程序技术是一种解决重复性问题的重要设计方法,采用子程序结构可以简化程序书写,增加程序的易读性和可维护性,并且有利于子程序资源的组织和使用。

　　在编写程序时,为了简便,人们常常把同样功能的操作编写成功能和结构形式完全相同的程序段,称为子程序(又称为过程)。在需要的时候,按照一定的格式由调用程序(称为主程序)调用子程序,只需要改变某些参数的值,就可以实现相应的运算或者转换等操作。子程序执行完毕后,又返回主程序继续运行,从而避免了在程序中多次重复地书写这些子程序,使整个程序的结构简明清晰,易于理解和调试,降低了出错的概率,减少了源程序的长度,也节约了内存资源。因此,子程序结构技术广泛应用于大程序的设计中,是实现模块化程序设计的重要工具。

　　在设计子程序时,除了必须要考虑的子程序调用、返回和完成特定功能的指令序列外,还必须注意解决子程序设计中带有共性的一些问题,即现场保护、参数传递、子程序的嵌套与递归调用等。子程序传递参数的方法主要有 3 种:寄存器法、存储器法和堆栈传递法。采用堆栈传递参数时，有可能溢出，在编程时应采取保护措施。

2.5.1　子程序的定义和格式

子程序的定义是通过 PROC 和 ENDP 伪指令来实现的，并通过 PROC 指令指定子程序的属性为 NEAR 或 FAR。其定义格式如下：

```
过程名    PROC    [NEAR]/FAR
          ⋮
          RET
过程名    ENDP
```

PROC、ENDP 是定义子程序时必须使用的保留字，PROC 表示子程序的开始，ENDP 表示子程序的结束。PROC 和 ENDP 相当于一对括号，将子程序的指令包括在内。

RET 指令通常作为子程序的最后一条指令，用来控制 CPU 返回到主程序的断点处继续向下执行。子程序的最后一条指令可以不是 RET，但必须是一条转移回到主程序中某处的转移指令。

子程序也可以不写成过程的形式。一般的子程序可以认为是从子程序的入口地址开始到 RET 指令结束的一段程序。调用时，CALL 指令中的过程名用子程序中第一条可执行语句的标号来代替。

2.5.2　子程序的调用和返回

子程序的调用和返回是通过 CALL 和 RET 指令完成的，并且分为段内、段间 2 种调用和返回方式。

1）子程序的调用

调用一个过程的格式为：

```
CALL    过程名
```

程序调用，意味着程序的执行离开了原来的地方，形成断点，转去执行子程序。子程序执行完毕后，返回断点，继续执行原来的程序。因此必须先做好返回地址的保存，即调用程序现场的保护工作，以便程序现场的恢复，所以调用指令的第一步是将返回地址压入堆栈，并按照某种寻址方式转向子程序的入口。子程序执行完毕后，再从堆栈中弹出返回地址。因此必须记住堆栈操作"先进后出"的原则。

子程序入口地址的寻址方式与无条件转移指令的寻址方式基本相同。调用指令同样可以分为段内调用与段间调用。段内调用包括相对寻址和间接寻址，段间调用包括直接寻址和间接寻址。

2）返回指令 RET

返回指令的格式为：

```
RET
```

或　　　RET　n

子程序在完成任务后，执行的最后一条指令就是 RET，根据对该子程序的调用是段内调用还是段间调用，要实现的操作是不同的。如果是段内调用，只是把存放在堆栈里的返回地址送入 IP 寄存器；如果是段间调用，要把存放在堆栈里的返回地址和段地址分别送入 IP 寄存器和 CS 寄存器。

3）现场保护与恢复

现场保护与恢复的工作可以在主程序中完成，也可以在子程序中完成。一般是在子程序的开始安排一串保护现场的语句，并在子程序的返回指令前恢复现场。这样处理使主程序流程清晰，特别是主程序多次调用同一子程序时，整个代码简短且紧凑。

如果子程序中用到某些寄存器，就可能破坏这些寄存器在转入子程序之前原有的内容，所以在子程序的开始处应将这些寄存器的内容推入堆栈保护，在子程序返回指令前用出栈指令将其逐个恢复。应特别注意堆栈"后进先出"的原则，寄存器入栈和出栈的顺序相反，这样才能保证子程序的运行不破坏主程序的工作现场。

2.5.3　主程序与子程序传递参数的方式

主程序在调用子程序之前，要把需要子程序处理的数据传递给子程序，为子程序提供入口参数。子程序对入口参数进行处理后得到的处理结果必须送给调用它的主程序，即提供出口参数供主程序使用。常用的参数传递方法有寄存器法、约定存储器法和堆栈传递法。

1）寄存器法

寄存器法就是子程序的入口参数和出口参数都在约定的寄存器中。由于寄存器是"公用的"，某个程序对某寄存器赋值后，另一个程序可以直接使用。该方法简单直接，信息传递快，节省内存单元；但由于寄存器的个数有限，只适用于传递的参数较少的情况。

2）存储器法

当需要传递的参数较多时，可以在内存数据段的存储单元中开辟专门的区域用于参数传递，让子程序直接访问数据段中的变量，主程序和子程序按照事先的约定，在指定的存储单元中进行数据交换；或者把参数存放在数据段的存储单元中，将参数区的首地址存放在某个寄存器中，然后用寄存器传递参数的方法，把这个地址传递给子程序。

这种方式能传递的参数数量几乎没有限制，其缺点是需要占用一定数量的存储单元，由于任何程序在任何时刻都可以修改这些数据，因而不利于模块化设计和信息隔离。

3）堆栈传递参数法

堆栈传递参数法是指子程序的入口参数和出口参数通过堆栈传递。主程序在调用子程序前应将需要传送给子程序的参数压入堆栈，然后子程序从堆栈中取出参数使用，经过运算后，将运算结果也压入堆栈；返回后，主程序再从堆栈中取出结果。注意，主程序压入参数的顺序以及子程序传递结果的方式必须事先约定。

利用堆栈传递参数可以不占用寄存器，而且堆栈单元使用后可自动释放，反复使用，便于数据隔离和模块化设计。

通常情况下，用堆栈传送入口参数，用寄存器传送出口参数。使用这种方法时，应当使用带常数的返回指令，以便返回主程序后弹出提前压入堆栈的参数，恢复堆栈的原始状态。

下面以寄存器法为例介绍主程序和子程序的参数传递。

例 2-7　编程计算 3 个 16 位无符号整数的平方根之和。

解

（1）分析问题

本题采用连续减奇数法求平方根的算法：将整数依次减去奇数 1,3,5,…，能执行这种减法的次数就是所求数的平方根。例如，求 16 的平方根依次做下面的减法：16 − 1=15，15 − 3=12，12 − 5=7，7 − 7=0。这表明减法可以进行 4 次，因此 16 的平方根是 4。

（2）确定算法

本题要进行 2 个循环：① 内循环求平方根，采用子程序，所以主程序向子程序传递的参数是 3 个被开方数，子程序向主程序传递的参数是 3 个平方根；② 外循环累加平方根之和，循环次数已知是 3 次，故用循环次数作为外循环的控制条件，配合使用 LOOP 指令。内循环因为要做连续减法，循环次数不定，所以用 CF=1 表示当减法需要借位时，子循环结束。

参数传递采用寄存器法，主程序把输入参数存放在 DX 中，传递给子程序；子程序将输出参数存放在 AX 中，传递给主程序。注意，不能对 AX 寄存器进行现场保护，否则子程序的操作就白执行了。

（3）画出程序流程图（略）

（4）确定汇编语言程序的基本框架

该汇编语言程序至少有 2 个段：数据段和代码段。数据段中定义 2 个变量：一个是数组变量 VARW，为 16 位数，应选 DW 类型，使用寄存器 SI 定位；另一个是和变量 SUM，也是 DW 型，其中间结果存放在寄存器 BX 中，平方根存放在寄存器 AX 中。

（5）编写程序

由以上分析可知，需要 MOV、SUB、ADD、LEA、INC、CALL、JMP、JC、PUSH、POP 和 LOOP 等指令。具体程序如下：

```
CODE SEGMENT
        ASSUME CS: CODE, DS:DATA
START:
        MOV AX,DATA
        MOV DS,AX
        XOR BX,BX
        LEA SI,VARW
        MOV CX,3
LOOP1:
        MOV DX,[SI]
        CALL SQRT1
        ADD BX,AX
        ADD SI,2
        LOOP LOOP1
        MOV SUM,BX
ENDLESS:
```

```
        JMP ENDLESS
SQRT1 PROC
        PUSH CX
        PUSH DX
        MOV CX,1
        XOR AX,AX
SQR1:
        SUB DX,CX
        JC SQR2
        INC AX
        ADD CX,2
        JMP SQR1
SQR2:
        POP DX
        POP CX
        RET
SQRT1 ENDP
CODE  ENDS
DATA  SEGMENT
        VARW DW 1,4,9
        SUM DW ?
DATA ENDS
        END START
```

2.5.4　子程序嵌套

1）子程序的嵌套

在程序设计中，一个程序可以调用某个子程序，该子程序又可以调用其他子程序，这就是子程序的嵌套调用。子程序嵌套调用的层次不受限制，嵌套调用过程中的逐层调用及按层返回由堆栈保证。在实际使用时，在各个返回地址之间还会有其他数据，子程序中若需要使用堆栈，那么压入操作与弹出操作必须成对，只有这样，才能保证每个子程序返回前 SP 恰好指向返回地址，在嵌套程序中也一样。

2）子程序的递归

在子程序的嵌套中，当被调用的子程序是其本身时，称为子程序的递归调用。不是所有的子程序都可以被递归调用，递归子程序必须保证每次调用时不能破坏前面调用时所用到的参数和产生的结果，递归子程序必须有递归结束的条件，以避免递归调用的无限嵌套。因此，每次调用时要用到的参数和中间结果不能存放在相同的存储区。实现这一点的最好方法就是采用堆栈。如果将一次调用时所要保存的信息称为一帧信息，那么一帧信息可以包括调用时所传递的入口参数、出口参数、返回地址以及子程序中要用到的有关寄存器的内容和局部变量。每次调用时将一帧信息压入堆栈，每次返回时从堆栈弹出一帧信息。

下面举例介绍递归子程序的实现。

例 2-8 编写递归子程序，实现 N! 的计算。

解

（1）分析问题

阶乘运算规则如下：

$$f(N)=N!$$
$$=N \cdot f(N-1)$$
$$=N(N-1) \cdot f(N-2)$$
$$=N(N-1)(N-2) \cdot f(N-3) \cdots f(0)$$
$$=N(N-1)(N-2) \cdot f(N-3) \cdots 1$$

由此可见，求 N 的阶乘，可以用递归子程序实现。每次递归调用时，应该将调用参数减 1；当调用参数为 0 时，应该停止递归调用，且有 0! =1 的中间结果。

（2）确定算法

采用递归子程序，在子程序中运用比较，产生分支。因为每次递归调用时参数都送入堆栈中，当 N 减为 0 而程序开始返回时，应该按照嵌套的方式逐层返回，并逐层取出相应的调用参数。

作为一个子程序，其入口参数是欲求阶乘的数 N，出口参数是存放 N 的阶乘的地址，它们都通过堆栈传送。作为递归子程序，本例中每一帧信息包括：存放结果的地址 RESULT、求阶乘的数 N、返回地址 CS、IP，以及每次调用时的 BP 内容和寄存器 AX、BX 的内容。

（3）画出程序流程图（略）

（4）确定汇编语言程序的基本框架

该汇编语言程序至少有 3 个段：堆栈段、数据段和代码段。堆栈段中至少需要定义 2 个变量：一个是数组缓冲区，占 256 个字；另一个是栈顶变量 TOP，堆栈为 16 位操作，选 DW 型。数据段中定义 2 个变量：一个是数 N，考虑到阶乘操作，应选 DW 类型；另一个是函数结果变量 RESULT，也是 DW 型。使用寄存器 BP 定位，其中间结果存放在寄存器 AX 和 BX 中。数 N 也为循环次数，计数器用 AX。

（5）编写程序

由以上分析可知，需要 MOV、LEA、DEC、CALL、MUL、JMP、JE、PUSH、POP 和 LOOP 等指令。具体程序如下：

```
CODE SEGMENT
    ASSUME CS: CODE, DS:DATA
START:
        MOV AX,DATA
        MOV DS,AX
        MOV AX,STACK
        MOV SS,AX
        MOV SP,OFFSET TOP
        LEA AX,RESULT
        PUSH AX
        MOV AX,N
```

```
            PUSH AX
            CALL FAR PTR FACT
ENDLESS:
            JMP ENDLESS
CODE  ENDS
CODES SEGMENT
            ASSUME CS: CODES
            FACT PROC FAR
            PUSH BP
            MOV BP,SP
            PUSH BX
            PUSH AX
            MOV BX,[BP+8]
            MOV AX,[BP+6]
            CMP AX,0
            JE DONE
            PUSH BX
            DEC AX
            PUSH AX
            CALL FACT
            MOV BX,[BP+8]
            MOV AX,[BX]
            MUL WORD PTR[BP+6]
            JMP SHORT RETURN
DONE:
            MOV AX,1
RETURN:
            MOV [BX],AX
            POP AX
            POP BX
            POP BP
            RET 4
FACT ENDP
CODES ENDS
DATA SEGMENT
            N DW 7
            RESULT DW ?
DATA  ENDS
STACK SEGMENT STACK
            DW 256 DUP(?)
            TOP LABEL WORD
STACK ENDS
            END START
```

第3章　汇编语言程序设计实验

3.1　数码转换类程序设计实验

3.1.1　将 ASCII 码表示的十进制数转换为二进制数

1）实验目的

（1）熟悉实验系统的编程和使用。

（2）掌握不同进制数及编码相互转换的程序设计方法，加深对计算机中字符、数字编码及数码转换的理解。

2）实验设备

（1）微型计算机 1 台。

（2）Proteus 软件平台。

3）实验内容

计算机输入设备输入的信息一般是 ASCII 码或者 BCD 码表示的数据或字符，CPU 处理信息一般采用二进制数进行计算或其他处理，处理结果输出给外设又必须依照外设的要求变为 ASCII 码、BCD 码或七段显示码等。因此，在应用软件中，各类数制代码的相互转换是必不可少的。

计算机与外设间的数码转换关系如图 3-1 所示，数码对应关系如表 3-1 所示。

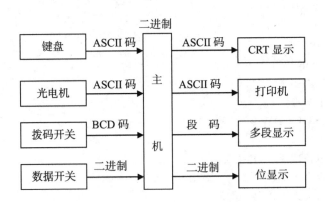

图 3-1　计算机与外设间的数码转换关系

表 3-1 数码对应关系

十六进制数	BCD 码	二进制机器码	ASCII 码	七段码	
				共阳	共阴
0	0000	0000	30H	40H	3FH
1	0001	0001	31H	79H	06H
2	0010	0010	32H	24H	5BH
3	0011	0011	33H	30H	4FH
4	0100	0100	34H	19H	66H
5	0101	0101	35H	12H	6DH
6	0110	0110	36H	02H	7DH
7	0111	0111	37H	78H	07H
8	1000	1000	38H	00H	7FH
9	1001	1001	39H	18H	67H
A		1010	41H	08H	77H
B		1011	42H	03H	7CH
C		1100	43H	46H	39H
D		1101	44H	21H	5EH
E		1110	45H	06H	79H
F		1111	46H	0EH	71H

十进制数可以表示为

$$D_n \times 10^n + D_{n-1} \times 10^{n-1} + \cdots + D_0 \times 10^0 = \sum_{i=0}^{n} D_i \times 10^i \qquad (3.1)$$

式中，D_i 代表被转换的十进制数 $0,1,2,\cdots,9$。

式（3.1）可转换为

$$\sum_{i=0}^{n} D_i \times 10^i = \left(\left(\left(D_n \times 10 + D_{n-1}\right) \times 10 + D_{n-2}\right) \times 10 + \cdots + D_1\right) \times 10 + D_0 \qquad (3.2)$$

由式（3.2）可归纳出十进制数转换为二进制数的方法：从十进制的最高位 D_n 开始作乘 10 加次位的操作，将结果再乘 10 再加下一个次位，如此重复，即可求出二进制数的结果。

（1）程序流程图

程序流程图如图 3-2 所示。待转换数据为 30h,30h,30h,31h,32h。设待转换的 ASCII 码十进制数存放在偏移地址为 3500～3504H 的单元中,转换结果存放在偏移地址为 3510～3511H 的单元中。

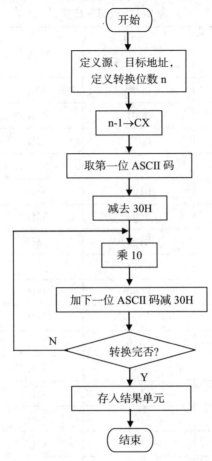

图 3-2 ASCII 码表示的十进制数转换为二进制数的流程图

（2）参考程序

```
;将 ASCII 码表示的十进制数转换为二进制数
CODE SEGMENT
        ASSUME CS:CODE,DS:DATA
START:MOV AX,DATA
        MOV DS,AX
        MOV SI,OFFSET STR2
        MOV DI,OFFSET STR1
        MOV BX,000AH
        MOV CX,0004H
        MOV AH,00
        MOV AL,[SI]
        SUB AL,30H
A1:     IMUL BX
        ADD AL,[SI+01]
        SUB AL,30H
```

```
        INC SI
        LOOP A1
        MOV [DI],AX
ENDLESS:
        JMP ENDLESS
CODE ENDS
DATA SEGMENT
        ORG 3500H
        STR2 DB 30H,30H,30H,31H,32H
        STR1 EQU $+11
DATA ENDS
        END START
```

4）实验步骤

（1）在 Proteus 中新建一个工程"将 ASCII 码表示的十进制数转换为二进制数.pdsprj"，根据程序流程图添加汇编代码。

（2）编译程序直至成功。

（3）设置断点、运行程序，打开调试窗口进行调试。

（4）验证实验结果。

（5）反复试几组数据，验证程序的正确性。

3.1.2　将十进制数的 ASCII 码转换为非压缩型的 BCD 码

1）实验目的

（1）熟悉实验系统的编程和使用。

（2）掌握不同进制数及编码相互转换的程序设计方法，加深对计算机中字符、数字编码及数码转换的理解。

2）实验设备

（1）微型计算机 1 台。

（2）Proteus 软件平台。

3）实验内容

设五位十进制数的 ASCII 码已存放在偏移地址为 3500H 起始的内存单元内。把它转换成非压缩型 BCD 码后，再按位分别存入偏移地址为 350AH 起始的内存单元内。若输入的不是十进制数的 ASCII 码，则对应存放结果的单元内容为"FF"。由表 3-1 可见，一字节 ASCII 码取其低四位即变为 BCD 码。

（1）程序流程图

程序流程图如图 3-3 所示。

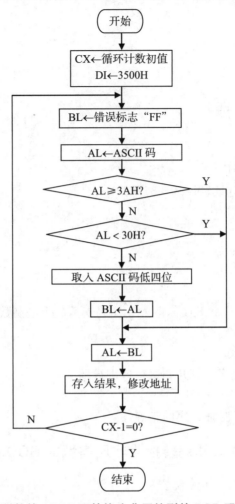

图 3-3　十进制数的 ASCII 码转换为非压缩型的 BCD 码的程序流程图

（2）参考程序

```
;将十进制的 ASCII 码转换为非压缩型的 BCD 码
CODE SEGMENT
        ASSUME CS:CODE,DS:DATA
START:MOV AX,DATA
        MOV DS,AX
        MOV CX,0005
        MOV DI,OFFSET STR1
B3:     MOV BL,NN
        MOV AL,[DI]
        CMP AL,NN1
        JNB B2
        SUB AL,NN2
        JB B2
        MOV BL,AL
B2:     MOV AL,BL
```

```
        MOV [DI+0AH],AL
        INC DI
        LOOP B3
ENDLESS:
        JMP ENDLESS
  CODE ENDS
DATA SEGMENT
        NN DB 0FFH
        NN1 DB 3AH
        NN2 DB 30H
        ORG 3500H
        STR1 DB 31H,32H,43H,34H,35H
DATA ENDS
        END START
```

4）实验步骤

（1）在 Proteus 中新建一个工程"十进制数的 ASCII 码转换为非压缩型的 BCD 码.pdsprj"，根据程序流程图添加汇编代码。

（2）编译程序直至成功。

（3）设置断点、运行程序，打开调试窗口进行调试。

（4）验证实验结果。

（5）反复试几组数据，验证程序的正确性。

3.1.3　将十六位二进制数转换为 ASCII 码表示的十进制数

1）实验目的

（1）熟悉实验系统的编程和使用。

（2）掌握不同进制数及编码相互转换的程序设计方法，加深对计算机中字符、数字编码及数码转换的理解。

2）实验设备

（1）微型计算机 1 台。

（2）Proteus 软件平台。

3）实验内容

十六位二进制数的值域为 0~65535，最大可转换为五位十进制数。

五位十进制数可以表示为

$$N = D_4 \times 10^4 + D_3 \times 10^3 + D_2 \times 10^2 + D_1 \times 10 + D_0 \tag{3.3}$$

式中，D_i 是十进制数 0 ~ 9。

将十六位二进制数转换为五位 ASCII 码表示的十进制数，就是求 $D_0 ~ D_4$，并将它们转换为 ASCII 码。将十六位二进制数存放于偏移地址为 3500H、3501H 的单元中，转换结果存放于偏移地址为 3510 ~ 3514H 的单元中。

（1）程序流程图

程序流程图如图 3-4 所示。

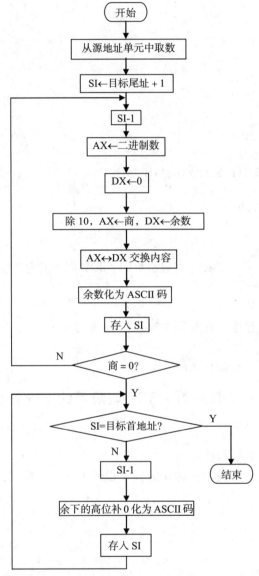

图 3-4　十六位二进制数转换为 ASCII 码表示的十进制数的程序流程图

（2）参考程序（略）。

4）实验步骤

（1）在 Proteus 中新建一个工程"十六位二进制数转换为 ASCII 码表示的十进制数.pdsprj"，根据程序流程图添加汇编代码。

（2）编译程序直至成功。

（3）设置断点、运行程序，打开调试窗口进行调试。

（4）验证实验结果。

（5）反复试几组数据，验证程序的正确性。

3.1.4　将十六进制数转换为 ASCII 码

1）实验目的

（1）熟悉实验系统的编程和使用。

（2）掌握不同进制数及编码相互转换的程序设计方法，加深对计算机中字符、数字编码及数码转换的理解。

2）实验设备

（1）微型计算机 1 台。

（2）Proteus 软件平台。

3）实验内容

由表 3-1 中十六位进制数与 ASCII 码的对应关系可知：将十六进制数 0H~09H 加上 30H 后得到相应的 ASCII 码，0AH~0FH 加上 37H 可以得到相应的 ASCII 码。将 4 位十六进制数存放于起始地址为 3500H 的内存单元中，把它们转换为 ASCII 码后存入起始地址为 350AH 的内存单元中。

（1）程序流程图

程序流程图如图 3-5 所示。

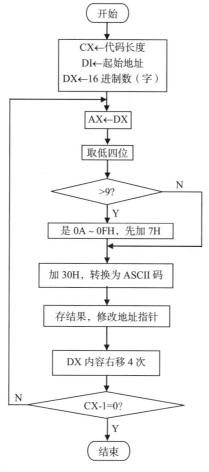

图 3-5　十六位二进制数转换为 ASCII 码的程序流程图

（2）参考程序（略）。

4）实验步骤

（1）在 Proteus 中新建一个工程"十六进制数转换为 ASCII 码.pdsprj"，根据程序流程图添加汇编代码。

（2）编译程序直至成功。

（3）设置断点、运行程序，打开调试窗口进行调试。

（4）验证实验结果。

（5）反复试几组数据，验证程序的正确性。

3.1.5 用查表法将将十六进制数转换为 ASCII 码

1）实验目的

（1）熟悉实验系统的编程和使用。

（2）学习查表程序的设计方法。

2）实验设备

（1）微型计算机 1 台。

（2）Proteus 软件平台。

3）实验内容

所谓查表就是根据某个值，在数据表格中寻找与之对应的一个数据。在很多情况下，通过查表比通过计算要使程序更简单、更容易编制。

通过查表的方法实现十六位进制数转换为 ASCII 码。根据表 3-1 的对应关系可知：0H ~ 9H 的 ASCII 码为 30H ~ 39H，而 0AH ~ 0FH 的 ASCII 码为 41H ~ 46H，这样就可以将 0H ~ 9H 与 0AH ~ 0FH 对应的 ASCII 码保存在一个数据表格中。当给定一个需要转换的十六进制数时，就可以快速地在表格中找出相应的 ASCII 码值。

参考程序如下：

```
;用查表法将十六进制数转换为 ASCII 码
SSTACK SEGMENT STACK
        DW 32 DUP(?)
SSTACK ENDS

PUBLIC ASCH,ASCL,HEX

DATA SEGMENT
        TAB DB 30H,31H,32H,33H,34H,35H,36H,37H,38H,39H
        DB 41H,42H,43H,44H,45H,46H
        HEX DB?
        ASCH DB?
        ASCL DB?
```

```
        DATA ENDS

        CODE SEGMENT
                ASSUME CS:CODE,DS:DATA
        START: PUSH DS
                XOR AX,AX
                MOV AX,DATA
                MOV DS,AX
        AA1: MOV AL,HEX
                MOV AH,AL
                AND AL,0F0H
                MOV CL,04H
                SHR AL,CL
                MOV BX,OFFSET TAB
                XLAT
                MOV ASCH,AL
                MOV AL,AH
                AND AL,0FH
                XLAT
                MOV ASCL,AL
                JMP AA1
        CODE ENDS
                END START
```

4）实验步骤

（1）绘制程序流程图。

（2）在 Proteus 中新建一个工程"用查表法将十六进制数转换为 ASCII 码.pdsprj"，添加汇编代码。

（3）编译程序直至成功。

（4）设置断点、运行程序，打开调试窗口进行调试。

（5）验证实验结果。

（6）反复试几组数据，验证程序的正确性。

3.2　数值运算类程序设计实验

3.2.1　二进制双精度加法运算

1）实验目的

（1）学习并掌握运算类指令编程及调试方法。

（2）掌握运算类指令对各状态标志位的影响及其测试方法。

2）实验设备

（1）微型计算机 1 台。

（2）Proteus 软件平台。

3）实验内容

计算 X+Y=Z，将结果 Z 存入某存储单元。

本实验是双精度（32 位）加法运算，编程时可以利用累加器 AX，先求低 16 位的和，并将运算结果存入低地址存储单元，然后求高 16 位的和，将结果存入高地址存储单元中。由于低 16 位运算有可能向高位产生进位，因此高 16 位运算时使用 ADC 指令，这样在低 16 位相加运算有进位时，高位相加会加上 CF 中的 1。

参考程序如下：

```
;二进制双精度加法运算
SSTACK SEGMENT STACK
    DW 64 DUP(?)
SSTACK

PUBLIC XH,XL,YH,YL
PUBLIC ZH,ZL

DATA SEGMENT
    XL DW?
    XH DW?
    YL DW?
    YH DW?
    ZL DW?
    ZH DW?
DATA ENDS

CODE SEGMENT
    ASSUME CS:CODE,DS:DATA
START: MOV AX,DATA
    MOV DS,AX
    MOV AX,XL
    ADD AX,YL
    MOV ZL,AX
    MOV AX,XH
    ADC AX,YH
    MOV ZH,AX
ENDLESS:
    JMP ENDLESS
CODE ENDS
    END START
```

4）实验步骤

（1）绘制程序流程图。

（2）在 Proteus 中新建一个工程"二进制双精度加法运算.pdsprj"，添加汇编代码。

（3）编译程序直至成功。

（4）设置断点、运行程序，打开调试窗口进行调试。

（5）验证实验结果。

（6）反复试几组数据，验证程序的正确性。

3.2.2　十进制的 BCD 码减法运算

1）实验目的

（1）学习并掌握运算类指令编程及调试方法。

（2）掌握运算类指令对各状态标志位的影响及其测试方法。

2）实验设备

（1）微型计算机 1 台。

（2）Proteus 软件平台。

3）实验内容

计算 X－Y=Z，其中 X、Y、Z 为 BCD 码，将结果 Z 存入某存储单元。

参考程序如下：

```
;十进制的 BCD 码减法运算
SSTACK SEGMENT STACK
    DW 64 DUP(?)
SSTACK

PUBLIC X,Y,Z
DATA SEGMENT
    X DW?
    Y DW?
    Z DW?
DATA ENDS

CODE SEGMENT
    ASSUME CS:CODE,DS:DATA
START: MOV AX,DATA
    MOV DS,AX
    MOV AH,00H
    SAHF
    MOV CX,0002H
    MOV SI,OFFSET X
```

```
        MOV SI,OFFSET Z
A1:     MOV AL,[SI]
        SBB AL,[SI+02H]
        DAS
        PUSHF
        AND AL,0FH
        POPF
        MOV [DI],AL
        INC DI
        INC SI
        LOOP A1
ENDLESS:
        JMP ENDLESS
CODE ENDS
        END START
```

4）实验步骤

（1）绘制程序流程图。

（2）在 Proteus 中新建一个工程"十进制的 BCD 码减法运算.pdsprj"，添加汇编代码。

（3）编译程序直至成功。

（4）设置断点、运行程序，打开调试窗口进行调试。

（5）验证实验结果。

（6）重新修改 X 与 Y 的值，反复测试几次，验证程序的正确性。

3.3　分支程序设计

1）实验目的

（1）掌握分支程序的结构。

（2）掌握分支程序的设计、调试方法。

2）实验设备

（1）微型计算机 1 台。

（2）Proteus 软件平台。

3）实验内容

建立分支程序，实现数据块搬移。

程序要求把内存中的一个数据区（称为源数据块）传送到另一个存贮区（称为目的数据块）。源数据块和目的数据块在存贮器中可能有 3 种情况，如图 3-6 所示。

对于 2 个数据块分离的情况，如图 3-6（a）所示，数据的传送从数据块的首地址开始，或者从数据块的末地址开始均可。

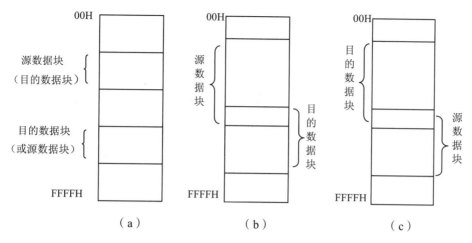

（a）　　　　　　　　　（b）　　　　　　　　　（c）

图 3-6　源数据块与目的数据块的三种结构

但对于有部分重叠的情况，则要加以分析，否则重叠部分会因"搬移"而遭破坏。当源数据块首地址>目的块首地址时，从源数据块首地址开始传送数据，如图 3-6（c）所示。当源数据块首地址<目的块首地址时，从源数据块末地址开始传送数据，如图 3-6（b）所示。

（1）程序流程图

实验程序流程图如图 3-7 所示。

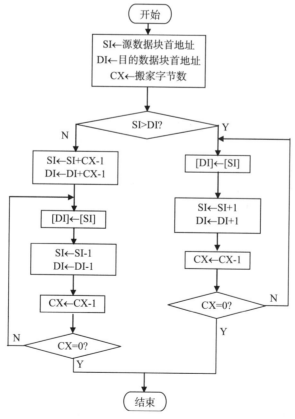

图 3-7　分支程序流程图

（2）参考程序（略）。

4）实验步骤

（1）根据程序流程图编写实验程序。

（2）在 Proteus 中新建一个工程"分支程序设计.pdsprj"，添加汇编代码。

（3）编译程序直至成功。

（4）设置断点、运行程序，打开调试窗口进行调试。

（5）验证实验结果。

（6）通过改变 SI、DI 的值，观察三种不同的数据块情况下程序的运行情况，验证程序的正确性。

3.4 循环程序设计实验

1）实验目的

（1）加深对循环结构的理解。

（2）掌握循环结构程序设计及调试的方法。

2）实验设备

（1）微型计算机 1 台。

（2）Proteus 软件平台。

3）实验内容

（1）计算 $S=1+2×3+3×4+4×5+\cdots+N(N+1)$，直到 $N(N+1)$ 项大于 200 为止

编写实验程序，计算上式的结果，参考流程图如图 3-8 所示。

（2）求某数据区内负数的个数

设数据区的第一单元存放数据的个数，从第二单元开始存放数据，在区内最后一个单元存放结果。为统计数据区内负数的个数，需要逐个判断区内的每一个数据，然后将所有数据中凡是符号位为 1 的数据的个数累加起来，即得区内负数的个数。

（3）程序流程图

程序流程如图 3-9 所示。

（4）参考程序（略）。

4）实验步骤

（1）根据程序流程图编写实验程序。

（2）在 Proteus 中新建 2 个工程"循环程序设计 1.pdsprj"和"循环程序设计 2.pdsprj"，并分别添加汇编代码。

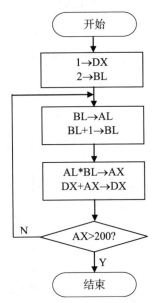

图 3-8 循环程序(1)流程图

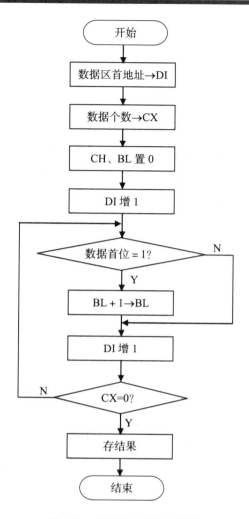

图 3-9　循环程序(2)流程图

（3）编译程序直至成功。

（4）设置断点、运行程序，打开调试窗口进行调试。

（5）验证实验结果。

3.5　子程序设计实验

3.5.1　求无符号字节序列中的最大值和最小值

1）实验目的

（1）学习子程序的定义和调用方法。

（2）掌握子程序的结构。

（3）掌握子程序的程序设计、编制及调试方法。

2）实验设备

（1）微型计算机 1 台。

（2）Proteus 软件平台。

3）实验内容

设有一无符号字节型序列，其存储首地址为 3000H，字节数为 08H。利用子程序的方法编程求出该序列中的最大值与最小值。

（1）程序流程图

程序流程图如图 3-10 所示。

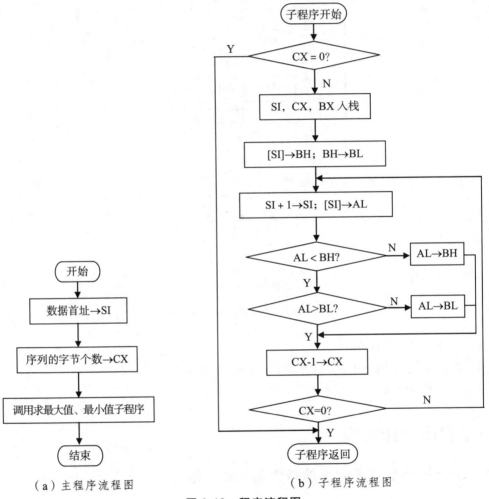

（a）主程序流程图　　　　　（b）子程序流程图

图 3-10　程序流程图

该程序使用 BH 和 BL 暂存现行的最大值和最小值，开始时初始化成首字节的内容，然后进入循环操作，从字节序列中逐个取出一个字节的内容与 BH 和 BL 比较，若取出的字节内容比 BH 的内容大或比 BL 的内容小，则替换 BH 或 BL 的内容。当循环操作结束时，将 BH 送入 AH，BL 送入 AL，作为返回值，并恢复 BX 原先内容。

（2）参考程序（略）。

4）实验步骤

（1）根据程序流程图编写实验程序。

（2）在 Proteus 中新建一个工程"求无符号字节序列中的最大值和最小值.pdsprj"，添加汇编代码。

（3）编译程序直至成功。

（4）设置断点、运行程序，打开调试窗口进行调试。

（5）验证实验结果。

（6）通过改变无符号字节型序列的数据，验证程序的正确性。

3.5.2　计算 N! 值

1）实验目的

（1）学习子程序的定义和调用方法。

（2）掌握子程序、子程序的嵌套、递归子程序的结构。

（3）掌握子程序的程序设计、编制及调试方法。

2）实验设备

（1）微型计算机 1 台。

（2）Proteus 软件平台。

3）实验内容

编写程序，利用子程序的嵌套和子程序的递归调用，实现 N! 的运算。

根据阶乘运算可得：

$$0!=1$$
$$1!=1×0!$$
$$…$$
$$N!=N×(N－1)!=N×(N－1)×(N－2)!=…$$

由此可以想到，欲求 N 的阶乘，可以用一个递归子程序来实现，每次递归调用时应将调用参数减 1，即求（N－1）的阶乘，并且当调用参数为 0 时应停止递归调用，且有 0!=1 的中间结果。最后将每次调用的参数相乘得到最后结果；因每次递归调用时参数都送入堆栈中，当 N 减为 0 而程序开始返回时，应按嵌套的方式逐层返回，并逐层取出相应的调用参数。

定义 2 个变量 N 及 RESULT，N 在 00H ~ 08H 之间取值，RESULT 中存放 N! 的计算结果。

阶乘表如表 3-2 所示。

表 3-2　阶乘表

N	0	1	2	3	4	5	6	7	8
RESULT	1	1	2	6	18H	78H	02D0H	13B0H	9D80H

参考程序略。

4）实验步骤

（1）根据设计思想绘制程序流程图，编写实验程序。

（2）在 Proteus 中新建一个工程"求阶乘.pdsprj"，添加汇编代码。

（3）编译程序直至成功。

（4）设置断点、运行程序，打开调试窗口进行调试。

（5）验证实验结果。

（6）改变变量 N 的值，验证程序的正确性。

3.6　排序程序设计实验

3.6.1　用"冒泡法"对数据排序

1）实验目的

（1）掌握编写排序程序的思路和方法。

（2）学习综合程序的设计、编制及调试方法。

2）实验设备

（1）微型计算机 1 台。

（2）Proteus 软件平台。

3）实验内容

在数据区中存放着一组数据，数据的个数就是数据缓冲区的长度，要求采用"冒泡法"对该数据区中的数据按递增次序排序。

（1）设计思想

设计思想如下：

① 从最后一个数开始，依次把相邻的两个数进行比较，即第 N 个数与第 N−1 个数比较，第 N−1 个数与第 N−2 个数比较，等等；若第 N−1 个数大于第 N 个数，则两者交换，否则不交换，直到 N 个数的相邻两个数都比较完毕为止。此时，N 个数中的最小数将被排在 N 个数的最前列。

② 对剩下的 N−1 个数重复第①步，找到 N−1 个数中的最小数。

③ 重复第②步，直到 N 个数全部排序好为止。

（2）程序流程图

算法的参考程序流程图如图 3-11 所示。

设需要排序的数据为 10 个无符号数，存放在偏移地址为 3000H ～ 3009H 的单元中。

（3）参考程序（略）。

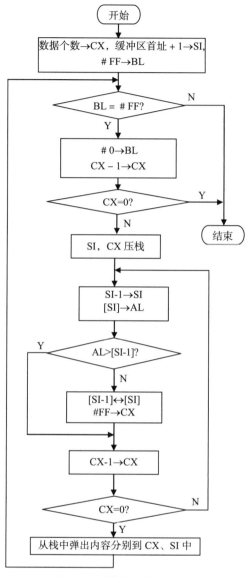

图 3-11　排序程序流程图

4）实验步骤

（1）在 Proteus 中新建一个工程"冒泡法数据排序.pdsprj"，根据程序流程图，编写汇编代码。

（2）编译程序直至成功。

（3）设置断点、运行程序，打开调试窗口进行调试。

（4）验证实验结果。

（5）反复修改数据区中的数据，运行程序并观察结果，验证程序的正确性。

3.6.2　学生成绩名次表

1）实验目的

（1）掌握分支、循环、子程序调用等基本的程序结构。

（2）学习综合程序的设计、编制及调试方法。

2）实验设备

（1）微型计算机 1 台。

（2）Proteus 软件平台。

3）实验内容

将分数为 1～100 之间的 10 个成绩存入首地址为 2000H 的单元中。2000H+i 表示学号为 i 的学生的成绩。编写程序，将排出的名次表放在 2100H 开始的数据区，2100H+i 中存放的是学号为 i 的学生的名次。

（1）程序流程图

参考程序流程图如图 3-12 所示。

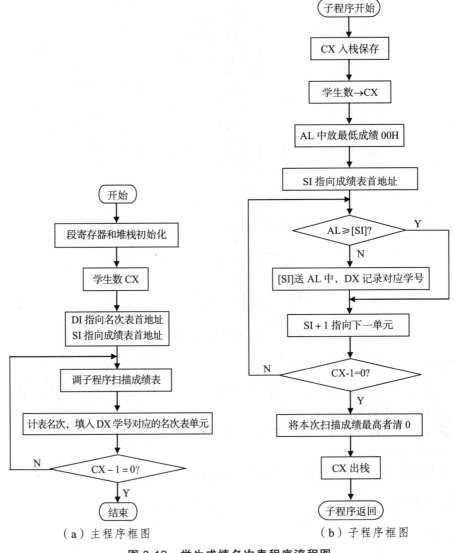

（a）主程序框图　　　　（b）子程序框图

图 3-12　学生成绩名次表程序流程图

（2）参考程序（略）。

4）实验步骤

（1）在 Proteus 中新建一个工程"学生成绩名次表.pdsprj"，根据程序流程图，编写汇编代码。

（2）编译程序直至成功。

（3）设置断点、运行程序，打开调试窗口进行调试。

（4）验证实验结果。

（5）反复修改数据区中的数据，运行程序并观察结果，验证程序的正确性。

第 4 章　硬件实验

本章大部分实验的开展需要使用 Proteus（8086）教学实验箱。通过 USB 连接线把计算机与实验箱相连接，能完成针对 8086 的各种交互式仿真实验。该教学实验箱采用模块化设计，总线器件都可以挂在总线上，只需要接上 CS 片选就可以实验，减少了实验过程中的接线问题，结合 Proteus 的电路仿真功能，能够大大提高学生的实验动手能力和设计能力。

实验采用在 Proteus 平台下的交互式仿真，使用硬件平台与计算机软件仿真同时进行的方法，其实验流程如图 4-1 所示。

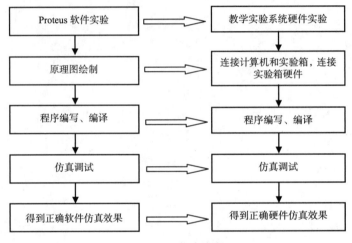

图 4-1　实验流程

硬件实验要求了解接口芯片的使用方法，掌握常用的可编程接口芯片的工作方式、实验电路的连接以及初始化编程。

4.1　存储器扩展实验

1）实验目的

熟悉 16 位微型计算机存储器的扩充设计。

2）实验设备

（1）微型计算机 1 台。

（2）Proteus 软件平台。

3）实验内容

在实际应用中，由于单片存储芯片的容量非常有限，很难满足实际存储容量的要求，因此需要将若干存储芯片和系统进行连接扩展。存储器与系统之间通过 AB、DB 及有关的控制信号线相连接，设计系统的存储器体系时需要将这 3 类信号线正确连接。

本实验要求将 2 片 SRAM6264（8K×8 位）组成 8K×16 位的存储器。按照规则将数据写入存储器，并将存储器的数据读出与写入的数据对比，检查写入的数据是否正确。

本实验要求进行存储器的位扩展。位扩展指的是用多个存储器器件对字长进行扩充。一个地址同时控制多个存储器芯片。位扩展的连接方式是将多片存储器的地址、片选、读/写控制端相应并联，数据端分别引出。位扩展采用存储芯片的并联，扩展存储器单元的位数，即存贮器的单元数不变，位数增加。

具体连接方法如下：

① 芯片的地址线全部并联且与地址总线相应的地址线连接。

② 片选信号线并联，可以接控制总线中的存储器选择信号，也可以接地址线高位，或接地址译码器的输出端。

③ 读/写控制信号并联接到控制总线中的读/写控制线上。

④ 数据线分高、低部分，分别与数据总线相应位连接。

（1）实验电路原理图

图 4-2 所示为实验原理图。

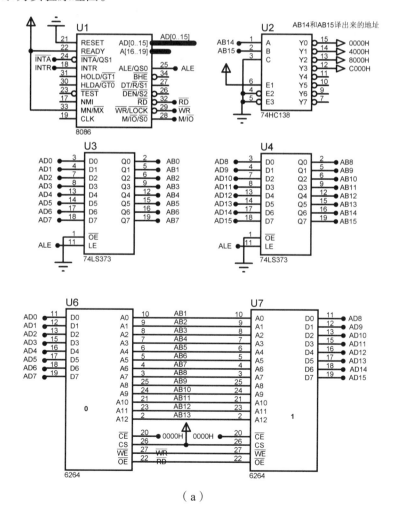

（a）

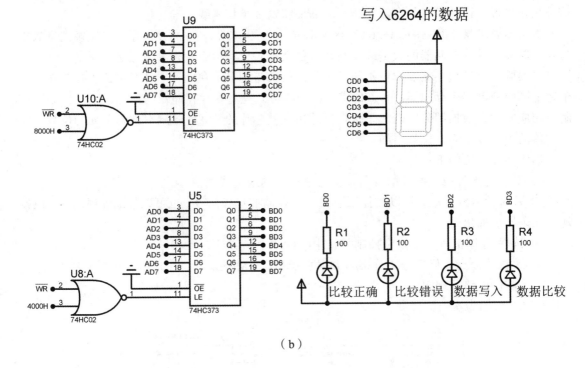

图 4-2　存储器扩展实验电路原理图

图 4-2 所示电路图中使用的电路元器件清单如表 4-1 所示。

表 4-1　图 4-1 所示电路的元器件清单

序号	1	2	3	4	5	6
名称	8086	74LS373	74HC138	74HC373	6264	74HC02
序号	7	8	9	10	11	12
名称	RES	LED-BLUE	LED-BLUE	LED-BLUE	LED-BLUE	7SEG-COM-AN-GRN

（2）程序流程图

将 1 写入 6264 中，写满 6264 所有存储单元，此时 "数据写入" 指示灯亮；写满后，再将 6264 每个存储单元的数据读取出来，比较读出的数据与写入的数据是否一致，此时 "数据比较" 指示灯亮，若一致，"比较正确" 指示灯亮，若不一致，"比较错误" 指示灯亮。比较完毕，继续将 2～9 的数据写入 6264，不断重复以上过程。

该实验的程序流程图如图 4-3 所示。

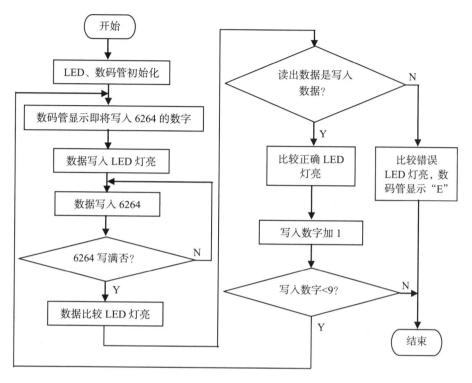

图 4-3　程序流程图

（3）参考程序

请将下列参考程序中的 2 段下划线处的程序补充完整，并将程序调试成功。

```
CODE    SEGMENT 'CODE'
        ASSUME CS:CODE,DS:DATA
START:  MOV AX, DATA
        MOV DS, AX
        MOV AX,1000H
        MOV ES,AX

        MOV DX,4000H           ;LED 灯地址 4000H
        MOV AL,0FFH            ;送到 LED 灯的数据
        OUT DX,AL             ;LED 灯初始化(灭)

        _____           ;数码管地址
        _____           ;送到数码管的数据
        _____           ;数码管初始化(灭)

        MOV BX,0000H          ;6264 地址
        MOV AX,0101H          ;写入 6264 的数据，可以根据需要修改
        MOV ES:[BX],AX
```

```
        LEA DI,TABLE
        PUSH AX
        MOV AH,00H
        MOV DI,AX
        POP AX


BEGIN:  PUSH AX
        MOV DX,8000H              ;数码管模块的 373 地址
        MOV AL,DS:[DI]            ;数码管显示的数据
        OUT DX,AL                ;操作的数据


        MOV DX,4000H             ;LED 灯的 373 地址
        MOV AL,0FBH              ;LED 灯显示状态
        OUT DX,AL                ;数据写入指示灯亮起
        POP AX


        MOV BX,0000H             ;6264 的地址。
WR:
        _____         ;6264 写入数据
        _____         ;两片 6264 都写入
        _____         ;判断两片内存是否写满
        JNZ WR


        PUSH AX
        MOV DX,4000H             ;LED 灯的 373 地址
        MOV AL,0F7H              ;LED 灯显示状态
        OUT DX,AL                ;数据比较指示灯亮起
        POP AX


        MOV BX,0FFFEH
RD:     ADD BX,02H               ;地址 0000 开始
        CMP BX,4000H             ;判断地址是否在刚才写入的地址内
        JZ YES                   ;跳转到指示灯正确位置
        CMP AX,ES:[BX]           ;比较存储中与写入的数据
        JZ RD


        PUSH AX
        MOV DX,4000H             ;LED 灯的 373 地址
        MOV AL,0FDH              ;LED 灯显示状态
```

```
                    OUT DX,AL                     ;数据错误指示灯亮起
                    MOV DX,8000H                  ;数码管模块的 373 地址
                    MOV AL,86h                    ;数码管显示的数据
                    OUT DX,AL                     ;操作的数据
                    POP AX


                    CALL DELAY
        END1:   JMP $


        YES:    PUSH AX
                    MOV DX,4000H                  ;LED 灯的 373 地址
                    MOV AL,0FEH                   ;LED 灯显示状态
                    OUT DX,AL                     ;数据正确指示灯亮起
                    POP AX
                    CALL DELAY


        JIA:     ADD AX,0101H
                    INC DI
                    CMP AX,0A0AH
                    NOP
                    NOP
                    JZ END1
                    JMP BEGIN


        DELAY:  PUSH CX
                    MOV CX,0FFFH
        DELAY1:NOP
                    NOP
                    NOP
                    NOP
                    LOOP DELAY1
                    POP CX
                    RET


        CODE    ENDS
        DATA    SEGMENT 'DATA'
        TABLE   DB 0C0h,0F9H,0A4H,0B0H,99H,92H,82H,0F8H,80H,90h
        DATA    ENDS
                    END START
```

4）实验步骤

（1）在 Proteus 中新建工程"存储器扩展实验.pdsprj"，注意控制器选择"8086"，绘制实验电路图。

（2）添加汇编代码，编译直至成功。

（3）如不能正常工作，打开调试窗口进行调试直至成功。

（4）运行程序，注意观察"写入 6264 的数据"数码管显示的数据与 2 片 6264 存储器写入数据的关系，以及"比较正确""比较错误""数据写入""数据比较" 4 盏 LED 灯的亮灭情况。

4.2 I/O 口读写实验

1）实验目的

（1）了解 CPU 常用的端口连接总线的方法。

（2）掌握利用三态缓冲器构成输入接口、锁存器构成输出接口的方法。

2）实验设备

（1）微型计算机 1 台。

（2）Proteus 软件平台。

（3）Proteus（8086）教学实验箱。

3）实验内容

一般情况下，CPU 的总线会挂有很多器件，要使这些器件不造成冲突，就要使用一些总线隔离器件，如 74HC245 和 74HC373。74HC245 是三态总线收发器，74HC373 是数据锁存芯片。

本实验利用 1 片 74HC245 三态门构成 1 个 8 位输入口，接 8 个开关，用来读入开关状态，片选地址为 D000H；利用 1 片 74HC373 构成 1 个 8 位输出口，片选地址为 8000H，控制 8 个 LED 灯，将开关的状态通过相应的 LED 输出，开关闭合，LED 灯亮，开关断开，LED 灯灭。

（1）实验电路原理图

图 4-4 所示为利用 74HC245 和 74HC373 构成的输入/输出读写实验的原理图，其中，8086 最小系统部分原理图见图 4-4（a），输入/输出电路部分原理图见图 4-4（b）。

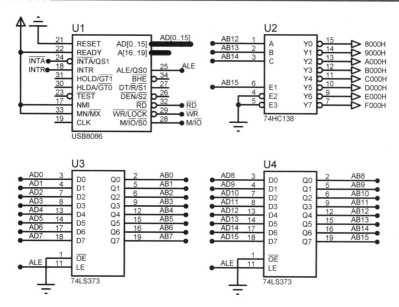

（a）最小系统原理图

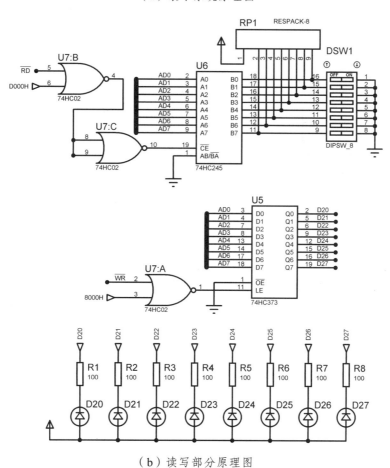

（b）读写部分原理图

图 4-4　I/O 口读/写实验原理图

图 4-4 所示电路图中使用的电路元器件清单如表 4-2 所示。

表 4-2 电路元器件清单

序号	1	2	3	4	5	6	7	8	9
名称	USB8086	74LS373	74HC138	74HC245	74HC02	RESPACK-8	DIPSW_8	LED-YELLOW	RES

（2）硬件实验接线

Proteus（8086）教学实验箱的硬件实验接线如表 4-3 所示。注意：连接时，必须关闭实验箱的电源后再连线。

（3）程序流程图

该实验的程序流程图如图 4-5 所示。

表 4-3 硬件连接表

接线孔 1	接线孔 2
245 CS	D000H～DFFFH
373 CS	8000H～8FFFH
B0～B7	SW1～SW8
Q0～Q7	D1～D8

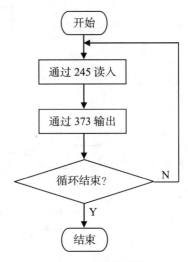

图 4-5 程序流程图

（4）参考程序（略）

4）实验步骤

（1）在 Proteus 中新建工程"245 输入/373 输出.pdsprj"，注意控制器选择"USB8086"，绘制实验电路图。

（2）按硬件连接表连接实验箱电路。

（3）添加汇编代码，编译直至成功。

（4）如不能正常工作，打开调试窗口进行调试直至成功。

（5）运行程序，拨动仿真面板的开关，观察仿真面板开关位置和 LED 灯亮灭的对应关系；同时观察硬件实验箱开关位置和 LED 灯亮灭的对应关系。

（6）运行程序，拨动硬件实验箱的开关，观察仿真面板开关位置和 LED 灯亮灭的对应关系；同时观察硬件实验箱开关位置和 LED 灯亮灭的对应关系。

4.3　8255 并行 I/O 扩展实验

1）实验目的

（1）了解 8255 芯片的结构及编程方法。

（2）了解 8255 输入/输出实验的方法。

2）实验设备

（1）微型计算机 1 台。

（2）Proteus 软件平台。

（3）Proteus（8086）教学实验箱。

3）实验内容

8255 可编程外围接口芯片是 INTEL 公司生产的通用并行接口芯片，它具有 A、B、C 3 个并行接口，用+5 V 单电源供电，能在以下 3 种方式下工作：

方式 0：基本输入/输出方式。

方式 1：选通输入/输出方式。

方式 2：双向选通工作方式。

本实验要求利用 8255 可编程并行口芯片，实现输入和输出。实验中，使 8255 的端口 A 工作在方式 0 并作为输入口，读取 SW1～SW8 的开关量；8255 的端口 B 工作在方式 0 并作为输出口，控制发光二极管的状态。

（1）实验电路原理图

图 4-6 所示为利用 8255 构成的输入/输出读写实验原理图，其中，8086 最小系统部分原理图见图 4-6（a），输入/输出电路部分原理图见图 4-6（b）。

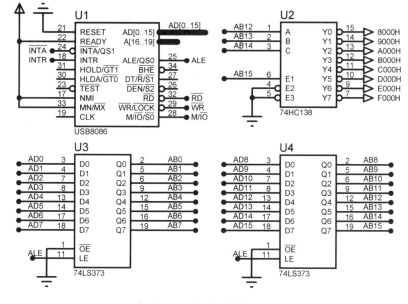

（a）8086 最小系统原理图

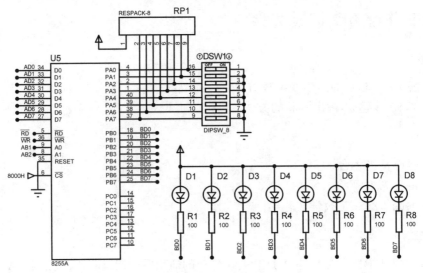

（a）读写部分原理图

图 4-6　8255 并行 I/O 扩展实验原理图

图 4-6 所示电路图中使用的电路元器件清单如表 4-4 所示。

表 4-4　电路元器件清单

序号	1	2	3	4	5	6	7	8
名称	USB8086	74LS373	74HC138	8255A	RESPACK-8	DIPSW_8	LED-YELLOW	RES

（2）硬件实验接线

Proteus（8086）教学实验箱的硬件实验接线如表 4-5 所示。注意：连接时，必须关闭实验箱的电源后再连线。

（3）程序流程图

该实验的程序流程图如图 4-7 所示。

表 4-5　硬件连接表

接线孔 1	接线孔 2
8255 CS	8000H ~ 8FFFH
PB0 ~ PB7	D1 ~ D8
PA0 ~ PA7	SW1 ~ SW8

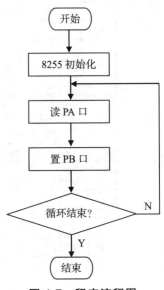

图 4-7　程序流程图

（4）参考程序（略）

4）实验步骤

（1）在 Proteus 中新建工程 "8255 输入/输出.pdsprj"，注意控制器选择 "USB8086"，绘制实验电路图。

（2）按硬件连接表连接实验箱电路。

（3）添加编写的汇编代码，编译直至成功。

（4）如不能正常工作，打开调试窗口进行调试直至成功。

（5）运行程序，拨动仿真面板的开关，观察仿真面板开关的位置和 LED 灯亮灭的对应关系；同时观察硬件实验箱开关的位置和 LED 灯亮灭的对应关系。

（6）运行程序，拨动硬件实验箱的开关，观察仿真面板开关位置和 LED 灯亮灭的对应关系；同时观察硬件实验箱开关的位置和 LED 灯亮灭的对应关系。

4.4　可编程定时/计数器 8253 实验

1）实验目的

（1）学习 8086 与 8253 的连接方法。

（2）学习 8253 的控制方法。

（3）掌握 8253 定时器/计数器的工作方式和编程原理。

2）实验设备

（1）微型计算机 1 台。

（2）Proteus 软件平台。

（3）Proteus（8086）教学实验箱。

3）实验内容

利用 8086 外接 8253 可编程定时/计数器，实现方波的产生。

（1）8253 芯片

8253 是一种可编程定时/计数器，有 3 个十六位计数器，其计数频率范围为 0～2 MHz，用+5 V 单电源供电。

8253 可以用于延时中断、可编程频率发生器、事件计数器、二进制倍频器、实时时钟、数字单稳、复杂的电机控制器。

8253 有 6 种工作方式，如表 4-6 所示。

表 4-6　8253 的 6 种工作方式

方式	0	1	2	3	4	5
功能	计数结束中断	可编程频率发生器	频率发生器	方波发生器	软件触发的选通信号	硬件触发的选通信号

（2）实验电路原理图

图 4-8 所示为利用 8255 构成的输入/输出读写实验原理图，其中，8086 最小系统部分原理图见图 4-8（a），输入/输出电路部分原理图见图 4-8（b）。本实验要用到数字时钟信号发生器，为 8253 的 CLK 引脚提供时钟信号，为了观察 8253CLK、GATE 和 OUT 三者的关系，要使用虚拟示波器。

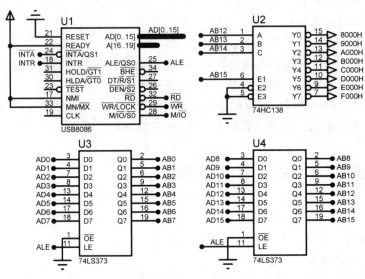

（a）8086 最小系统原理图

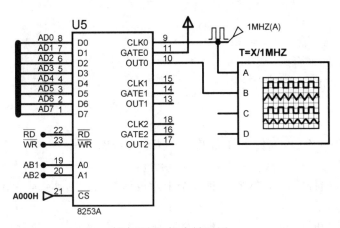

（b）8253 部分原理图

图 4-8　可编程定时/计数器 8253 实验原理图

本实验中用到了数字时钟信号发生器和虚拟示波器。其中数字时钟信号发生器为 8253 的 CLK 引脚提供时钟信号，虚拟示波器用来观察 CLK 和 OUT 之间的关系。下面简单介绍数字时钟信号发生器和虚拟示波器。

① 数字时钟信号发生器

在原理图编辑窗口中单击"模式选择"工具栏中的"Generator Mode"图标" ⭕ "，在"GENERATORS"栏用鼠标左键单击"DCLOCK"，则在预览窗口中出现数字时钟信号发生器的符号" ✎几 "。

在原理图编辑窗口中双击，将数字时钟信号发生器放置到原理图编辑界面，并将之连接到 8253 的 CLK0 引脚。

双击数字时钟信号发生器，打开数字时钟信号发生器的"属性设置"对话框，在"Generator Name"项中输入自定义的数字时钟信号发生器的名称，在"Timing"项中设置"Frequency"，如图 4-9 所示。

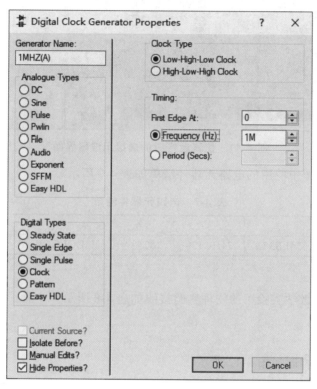

图 4-9　数字时钟信号发生器的属性设置

② 虚拟示波器

在原理图编辑窗口中单击"模式选择"工具栏中的"Virtual Instrument Mode"图标" "，在"INSTRUMENTS"栏中用鼠标左键单击"OSCILLOSCOPE"，则在预览窗口中出现虚拟示波器的符号，如图 4-10 所示。

在原理图编辑窗口中单击鼠标左键，出现虚拟示波器的拖动图像，拖动鼠标至合适位置，再次单击鼠标左键，虚拟示波器就放置到该位置。

虚拟示波器有 4 个接线端 A、B、C 和 D。将 A、B 分别连接到 8253 的 CLK0 引脚和 OUT0 引脚。

运行程序，点击"Debug"菜单的"Digital Oscilloscope"，出现图 4-11 所示的虚拟示波器运行界面，其使用方式与实际示波器一样，此处不赘述。

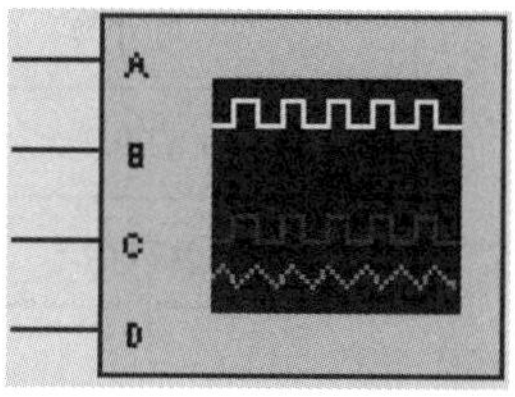

图 4-10　虚拟示波器

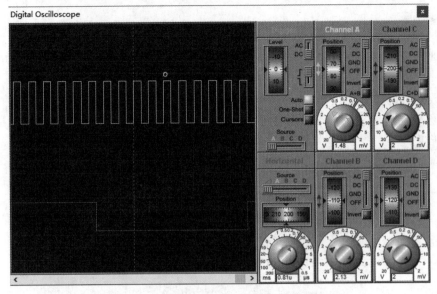

图 4-11　仿真运行时的虚拟示波器界面

图 4-8 所示电路图中使用的电路元器件清单如表 4-7 所示。

表 4-7　电路元器件清单

序号	1	2	3	4	5	6
名称	USB8086	74LS373	74HC138	8253A	DCLOCK	OSCILLOSCOPE

（3）硬件实验接线

Proteus（8086）教学实验箱的硬件实验接线如表 4-8 所示。注意：连接时，必须关闭实验箱的电源后再连线。

（4）程序流程图

该实验的程序流程图如图 4-12 所示。

表 4-8　硬件连接表

接线孔 1	接线孔 2
8253 CS	A000H-AFFFH
CLOCK_OUT	CLOUK_IN
分频 1/4	CLK0
GATE0	+5 V
OUT0	示波器（电压表）

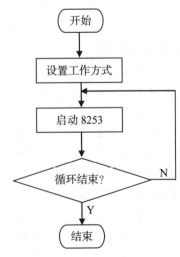

图 4-12　程序流程图

（5）参考程序（略）

4）实验步骤

（1）在 Proteus 中新建工程"可编程定时/计数器 8253 实验.pdsprj"，注意控制器选择"USB8086"，绘制实验电路图。

（2）按硬件连接表连接实验箱电路。

（3）添加编写的汇编代码，编译直至成功。

（4）如不能正常工作，打开调试窗口进行调试直至成功。

（5）运行程序，观察虚拟示波器 A、B 两路信号的波形，并计算其频率比；利用实际示波器观察硬件实验箱中 8253 的 CLK0 引脚和 OUT0 引脚的波形，并计算其频率比。

4.5　七段数码管显示实验

1）实验目的

（1）了解数码管显示原理。

（2）掌握读表程序的编写。

2）实验设备

（1）微型计算机 1 台。

（2）Proteus 软件平台。

（3）Proteus（8086）教学实验箱。

3）实验内容

设计 1 个具有 8 位七段数码管的 LED 显示器接口，要求 LED 显示器接口采用动态扫描、分时循环显示的原理，显示自己学号的后 8 位。

要实现 8 位 LED 显示器接口，需要 2 个 8 位的并行输出口，分别构成段码输出和位码选择电路。任何时候发送的段码会传送到所有数码管上，每位数码管的位选是独立的。程序运行时，每一时刻仅允许一个数码管的位选为低电平，相应的数字会显示在此位数码管上；反之即使段码送到了此数码管上，也不显示。这样可以借助动态扫描、分时显示方法，利用人眼视觉的暂留效应，实现各位"同时"显示。

（1）LED 数码管和段码表格

七段 LED 显示器内部由 7 个条形发光二极管和 1 个小圆点发光二极管组成，根据公共端的连接方式可以分成共阴极和共阳极。所有发光二极管的阴极连在一起称为共阴极数码管，所有发光二极管的阳极连在一起称为共阳极数码管。

LED 数码管的 a～g 7 个发光二极管因加正电压而发亮，因加零电压而不发亮，不同亮暗的组合就能形成不同的字形，这种组合称之为字形码。本实验采用共阳极七段数码管，表 4-9 给出了共阳极的字形码。

表 4-9　共阳极的字形码

数字	0	1	2	3	4	5	6	7
段码	0C0H	0F9H	0A4H	0B0H	99H	92H	82H	F8H
数字	8	9	A	B	C	D	E	F
段码	80H	90H	88H	83H	0C6H	0A1H	86H	8EH

由于显示的数字 0～9 的字形码没有规律可循，只能采用查表的方式来完成要求。按照数字 0～9 的顺序，把每个数字的笔段代码按顺序排好，建立的表格如下所示：

　　TABLE　DB　　0c0h,0f9h,0a4h,0b0h,99h,92h,82h,0f8h,80h,90h

（2）实验电路原理图

图 4-13 所示为利用 8255A 构成的七段数码管显示实验的原理图，其中，8086 最小系统部分原理图见图 4-13（a），输入/输出电路部分原理图见图 4-13（b）。本实验利用 8255A 来控制多位数码管的位选和段选。8255A 的 A 口作为数码管的段选，B 口作为位选。

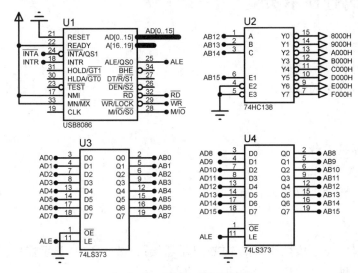

（a）8086 最小系统原理图

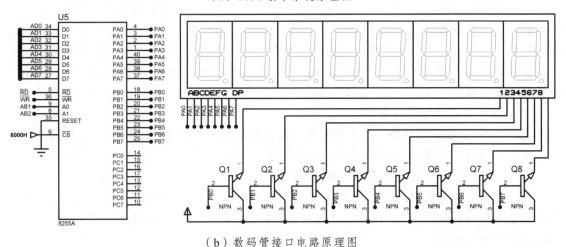

（b）数码管接口电路原理图

图 4-13　七段数码管显示实验原理图

图 4-13 所示电路图中使用的电路元器件清单如表 4-10 所示。

表 4-10　电路元器件清单

序号	1	2	3	4	5	6
名称	USB8086	74LS373	74HC138	8253A	NPN	7SEG-MPX8-CA-BLUE

（3）硬件实验接线

Proteus（8086）教学实验箱的硬件实验接线如表 4-11 所示。注意：连接时，必须关闭实验箱的电源后再连线。

（4）程序流程图

该实验的程序流程图如图 4-14 所示。

表 4-11　硬件连接表

接线孔 1	接线孔 2
8255_CS	8000H ~ 8FFFH
LED_A ~ LED_DP	PA0 ~ PA7
COM_1 ~ COM_8	PB0 ~ PB7

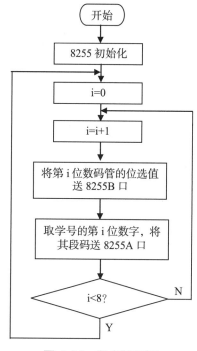

图 4-14　程序流程图

（5）参考程序（略）

4）实验步骤

（1）在 Proteus 中新建工程"七段数码管显示实验.pdsprj"，注意控制器选择"USB8086"，绘制实验电路图。

（2）按硬件连接表连接实验箱电路。

（3）添加自己编写的汇编代码，编译直至成功。

（4）如不能正常工作，打开调试窗口进行调试直至成功。

（5）运行程序，观察仿真面板和硬件实验箱上的 8 位数码管显示结果。

微机原理课程

实验报告册

班级_____

姓名_____

学号_____

实验序号	1	2	3	4	5	6	7	8	9	10	总评
实验成绩											

《微机原理》课程实验报告（一）

实验名称	数码转换实验		
实验成绩		评阅教师	

一、实验目的

1. 熟悉实验系统的编程和使用。

2. 掌握不同进制数及编码相互转换的程序设计方法，加深对计算机中字符、数字编码及数码转换的理解。

二、编制程序，将十进制数转换为二进制数

1. 程序流程图：

2. 完整程序代码：

3. 运行结果：

　　将程序运行后，将 8086 内部寄存器（8086 Registers-U1）的截图和 8086 内部存储器（8086 Memory Dump-U1）的截图粘贴于下面的空白处，并将运行结果用笔标明。

三、编制程序，将十进制数转换为非压缩型的 BCD 码

1. 程序流程图：

2. 程序代码:

3. 运行结果:

将程序运行后,8086 内部寄存器(8086 Registers-U1)的截图和 8086 内部存储器(8086 Memory Dump-U1) 的截图粘贴于下面的空白处, 并将运行结果用笔标明。

《微机原理》课程实验报告(二)

实验名称	数值运算类程序设计实验	
实验成绩		评阅教师	

一、实验目的

1. 学习并掌握运算类指令编程及调试方法。

2. 掌握运算类指令对各状态标志位的影响及其测试方法。

二、编制程序,实现二进制双精度加法运算

1. 程序流程图:

2. 程序代码:

3. 运行结果:

将程序运行后,8086 内部寄存器(8086 Registers-U1)的截图和 8086 内部存储器(8086 Memory Dump-U1)的截图粘贴于下面的空白处, 并将运行结果用笔标明。

《微机原理》课程实验报告(三)

实验名称	分支程序设计		
实验成绩		评阅教师	

一、实验目的

1. 掌握分支程序的结构。

2. 掌握分支程序的设计、调试方法。

二、编写程序,要求把内存中一数据区(称为源数据块)传送到另一存贮区(称为目的数据块)

1. 程序流程图:

2. 程序代码：

（1）源数据块与目的数据块不重叠。

（2）源数据块与目的数据块重叠（源数据块首地址＜目的数据块首地址）。

　　（不需要写出完整程序，只把程序修改部分写出来即可。）

（3）源数据块与目的数据块重叠（源数据块首地址＞目的数据块首地址）。

　　（不需要写出完整程序，只把程序修改部分写出来即可。）

3. 运行结果：

　　将程序运行后,8086 内部寄存器(8086 Registers-U1)的截图和 8086 内部存储器(8086 Memory Dump-U1) 的截图粘贴于下面的空白处，并将运行结果用笔标明。

（1）源数据块与目的数据块不重叠。

（2）源数据块与目的数据块重叠（源数据块首地址＜目的数据块首地址）。

（3）源数据块与目的数据块重叠（源数据块首地址＞目的数据块首地址）。

《微机原理》课程实验报告(四)

实验名称	循环程序设计实验	
实验成绩	评阅教师	

一、实验目的

1. 加深对循环结构的理解。

2. 掌握循环结构程序设计及调试的方法。

二、编制程序，使 $S = 1 + 2 \times 3 + 3 \times 4 + 4 \times 5 + \cdots + N(N+1)$，直到 $N(N+1)$ 项大于 200 为止

1. 程序流程图:

2. 程序代码:

3. 运行结果:

　　将程序运行后,8086 内部寄存器(8086 Registers-U1)的截图和 8086 内部存储器(8086 Memory Dump-U1)的截图粘贴于下面的空白处,并将运行结果用笔标明。

三、求某数据区内负数的个数

设数据区的第一单元存放区内数据的个数,从第二单元开始存放数据,在区内最后一个单元存放结果。为统计数据区内负数的个数,需要逐个判断区内的每一个数据,然后将所有数据中凡是符号位为 1 的数据的个数累加起来,即得区内所包含负数的个数。

1. 程序流程图:

2. 程序代码：

3. 运行结果：

　　将程序运行后，8086 内部寄存器（8086 Registers-U1）的截图和 8086 内部存储器（8086 Memory Dump-U1）的截图粘贴于下面的空白处，并将运行结果用笔标明。

4. 思考题:

　　若需要能分别求出数据区中正数、零和负数的个数,试画出相应的程序流程图。

《微机原理》课程实验报告（五）

实验名称	子程序设计	
实验成绩		评阅教师

一、实验目的

1. 学习子程序的定义和调用方法。

2. 掌握子程序的结构。

3. 掌握子程序的程序设计、编制及调试方法。

二、设有一无符号字节型数序列，其存贮首地址为 3000H，字节数为 08H。利用子程序的方法编程求出该序列中的最大值与最小值

1. 程序流程图：

2. 程序代码：

3. 运行结果：

　　将程序运行后，将 8086 内部寄存器（8086 Registers-U1）的截图和 8086 内部存储器（8086 Memory Dump-U1）的截图粘贴于下面的空白处，并将运行结果用笔标明。

4. 思考题：

　　若求有符号字节型序列中的最大值与最小值，如何修改程序?（只把程序修改部分写出来即可）

《微机原理》课程实验报告（六）

实验名称	存储器扩展实验	
实验成绩	评阅教师	

一、实验目的

熟悉 16 位微型计算机存储器扩充设计。

二、本实验要求用 2 片 SRAM6264（8K×8 位）组成 8K×16 位的存储器，将数据写入存储器，并将存储器的数据读出与写入的数据对比，检查写入的数据是否正确

1. Proteus 实验电路图：

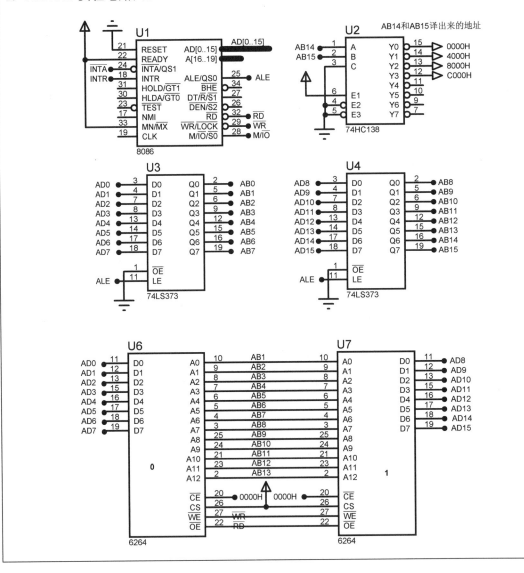

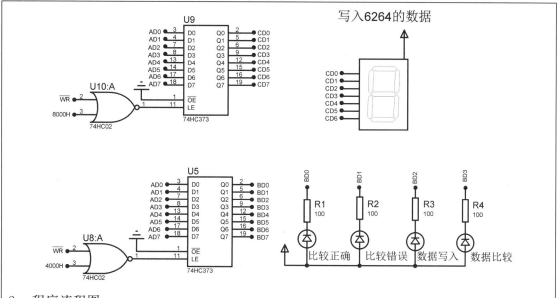

2. 程序流程图：

3. 程序代码：

请将下列参考程序中画线处的程序补充完整：

```
CODE    SEGMENT 'CODE'
        ASSUME CS:CODE,DS:DATA

START:  MOV AX, DATA
        MOV DS, AX
        MOV AX,1000H
        MOV ES,AX

        MOV DX,4000H          ;373 地址 4000H
        MOV AL,0ffH           ;送到 LED 灯的数据
        OUT DX,AL             ;373 初始化

                              ;补充程序 1 处，数码管初始化
        _____       ;数码管地址
        _____       ;送到数码管的数据
        _____       ;数码管灭

        MOV BX,0000H          ;6264 地址
        MOV AX,0000H          ;写入 6264 的数据，可以根据需要修改
        MOV ES:[BX],AX

        LEA DI,TABLE
BEGIN:  PUSH AX
        MOV DX,8000H          ;数码管模块的 373 地址
        MOV AL,DS:[DI]        ;数码管显示的数据
        OUT DX,AL             ;操作的数据
        ;POP AX

        ;PUSH AX
        MOV DX,4000H          ;LED 灯的 373 地址
        MOV AL,0FBH           ;LED 灯显示状态
        OUT DX,AL             ;数据写入指示灯亮起
        POP AX

        MOV BX,0000H          ;6264 的地址
WR:
                              ;补充程序 2 处
        _____       ;数据写入 6264
        _____       ;两片 6264 都写入
        _____       ;判断两片内存是否写满
        JNZ WR
        PUSH AX
        MOV DX,4000H          ;LED 灯的 373 地址
        MOV AL,0F7H           ;LED 灯显示状态
        OUT DX,AL             ;数据比较指示灯亮起
        POP AX
```

```
          MOV BX,0FFFEH
RD:       ADD BX,02H              ;地址 0000 开始
          CMP BX,2H               ;判断地址是否在刚才写入的地址内
          JZ YES                  ;跳转到指示灯正确位置
          CMP AX,ES:[BX]          ;比较存储中与写入的数据
          JZ RD

          PUSH AX
          MOV DX,4000H            ;LED 灯的 373 地址
          MOV AL,0FDH             ;LED 灯显示状态
          OUT DX,AL               ;数据错误指示灯亮起
          POP AX
          ;CALL DELAY
          JMP JIA

YES:      PUSH AX
          MOV DX,4000H            ;LED 灯的 373 地址
          MOV AL,0FEH             ;LED 灯显示状态
          OUT DX,AL               ;数据正确指示灯亮起
          POP AX
          ;CALL DELAY

JIA:      ADD AX,0101H            ;ax 高低位都加 1
          INC DI                  ;数码管位显示的数据地址加 1
          CMP AX,0A0AH
          NOP
          NOP
          JZ START
          JMP BEGIN

DELAY:    PUSH CX
          MOV CX,02FFFH
DELAY1:      NOP
          NOP
          NOP
          NOP
          LOOP DELAY1
          POP CX
          RET

CODE ENDS

DATA    SEGMENT 'DATA'
TABLE   DB 0C0H,0F9H,0A4H,0B0H,99H,92H,82H,0F8H,80H,90H
DATA    ENDS
          END START
```

4. 运行结果：

将程序运行的相关截图粘贴于下面的空白处。

（1）程序正在运行时，"写入 6264 的数据"数码管，以及"比较正确""比较错误""数据写入""数据比较"数码管的截图。

（2）程序正在运行时，2 片 6264 存储器写入数字的截图（即硬件原理图中元件 U6 和 U7 的 Memory Contents）。

《微机原理》课程实验报告（七）

实验名称	I/O 口读写实验（245、373）		
实验成绩		评阅教师	

一、实验目的

1. 了解 CPU 常用的端口连接总线的方法。

2. 掌握利用三态缓冲器构成输入接口、锁存器构成输出接口的方法。

二、利用 1 片 74HC245 三态门构成 1 个 8 位输入口，接 8 个开关，用来读入开关状态，片选地址为 D000H；利用 1 片 74HC373 构成 1 个 8 位输出口，片选地址为 8000H，控制 8 个 LED 灯，将开关的状态通过相应的 LED 输出，开关闭合，LED 灯亮，开关断开，LED 灯灭

1. Proteus 实验电路图：

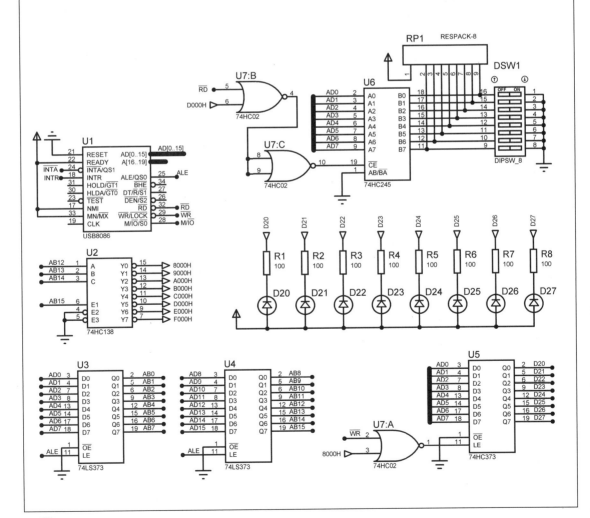

2. 程序流程图：

3. 程序代码：

4. 运行结果：

（1）运行程序（实验箱上的开关向下拨置"高电平"），拨动仿真面板的开关，观察仿真面板开关位置和仿真面板 LED 灯亮灭的对应关系；同时观察仿真面板开关位置和实验箱 LED 灯亮灭的对应关系。将仿真面板上开关和仿真面板 LED 的截图、实验箱上开关和实验箱 LED 的照片粘贴于下面的空白处。

（2）运行程序（仿真面板上开关黑色端向左拨置"高电平"），拨动实验箱的开关，观察实验箱的开关位置和实验箱 LED 灯亮灭的对应关系；同时观察实验箱的开关和仿真面板 LED 灯亮灭的对应关系。将仿真面板上开关和仿真面板 LED 的截图、实验箱上开关和实验箱 LED 的照片粘贴于下面的空白处。

《微机原理》课程实验报告（八）

实验名称	8255 并行 I/O 扩展实验	
实验成绩	评阅教师	

一、实验目的

1.了解和掌握 8255 芯片的结构及编程方法。

2.了解和掌握 8255 输入、输出实验方法。

二、利用 8255 可编程并行口芯片，实现输入、输出实验

实验中使 8255A 端口 A 工作在方式 0 并作为输入口，读取 SW1~SW8 的开关量，8255A 端口 B 工作在方式 0 并作为输出口，控制发光二极管的状态。

1. Proteus 实验电路图：

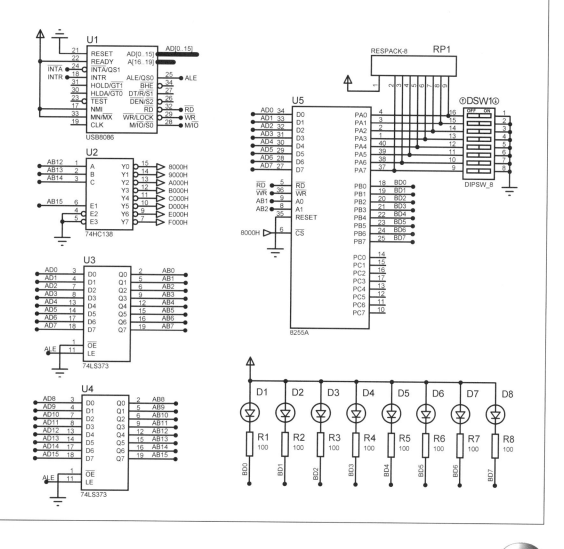

2. 程序流程图：

3. 程序代码：

4. 运行结果：

（1）运行程序（实验箱上的开关向下拨置"高电平"），拨动仿真面板的开关，观察仿真面板开关位置和仿真面板 LED 灯亮灭的对应关系；同时观察仿真面板开关位置和实验箱 LED 灯亮灭的对应关系。将仿真面板上开关和仿真面板 LED 的截图、实验箱上开关和实验箱 LED 的照片粘贴于下面的空白处。

（2）运行程序（仿真面板上开关黑色端向左拨置"高电平"），拨动实验箱的开关，观察实验箱的开关位置和实验箱 LED 灯亮灭的对应关系；同时观察实验箱的开关和仿真面板 LED 灯亮灭的对应关系。将仿真面板上开关和仿真面板 LED 的截图、实验箱上开关和实验箱 LED 的照片粘贴于下面的空白处。

《微机原理》课程实验报告(九)

实验名称	可编程定时/计数器 8253 实验	
实验成绩	评阅教师	

一、实验目的

1. 学习 8086 与 8253 的连接方法。

2. 学习 8253 的控制方法。

3. 掌握 8253 定时器/计数器的工作方式和编程原理。

二、利用 8086 外接 8253 可编程定时/计数器产生方波

1. Proteus 实验电路图:

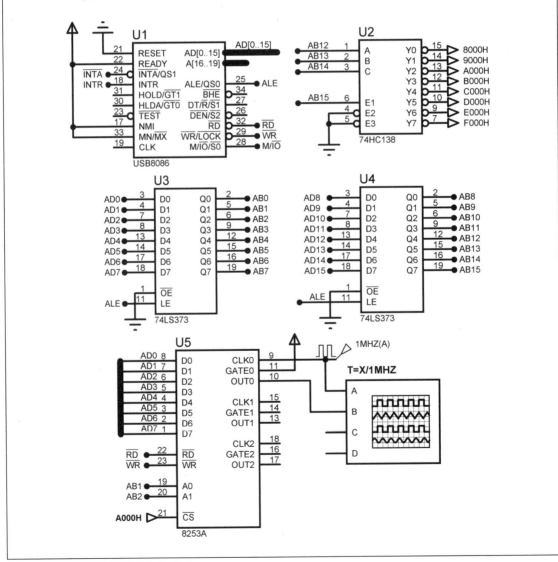

2. 程序流程图：

3. 程序代码：

4. 运行结果：

　　将本实验的相关截图或者照片粘贴于下面的空白处。

（1）仿真面板上 A、B 两路信号波形的截图，并根据波形确定其频率比。

（2）示波器测量的实验箱 8253 的 CLK0 引脚和 OUT0 引脚的波形照片，并根据测得的波形确定其频率比。

《微机原理》课程实验报告(十)

实验名称	七段数码管显示实验	
实验成绩	评阅教师	

一、实验目的

1. 了解数码管显示原理。

2. 掌握读表程序的编写。

二、设计 1 个具有 8 位七段数码管的 LED 显示器接口,要求 LED 显示器接口采用动态扫描、分时循环显示的原理,显示自己学号的后 8 位。

1. Proteus 实验电路图:

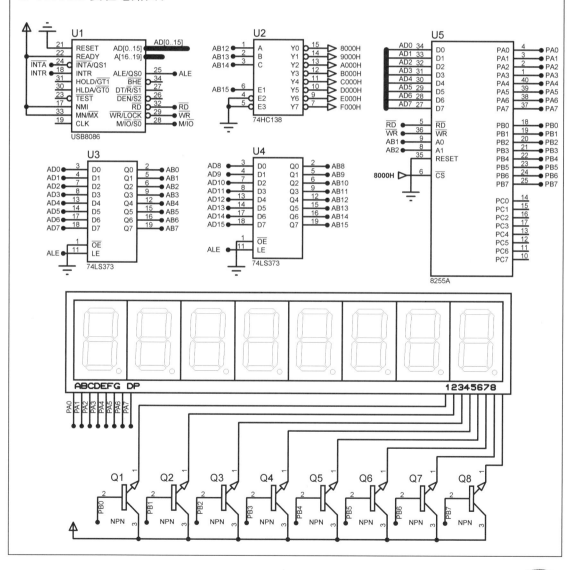

2. 程序流程图：

3. 程序代码：

4. 运行结果：

　　将本实验的相关截图或者照片粘贴于下面的空白处。

（1）程序运行时，仿真面板上数码管的截图。

（2）程序运行时，实验箱上数码管的照片。

参考文献

［1］ 何超. 汇编语言程序设计[M]. 北京：机械工业出版社，2009.

［2］ 马宏锋. 微机原理与接口技术——基于 8086 和 Proteus 仿真[M]. 西安：西安电子科技大学出版社，2016.

［3］ 陈逸菲，孙宁，叶彦斐，杨乐. 微机原理与接口技术实验及实验教程——基于 Proteus 仿真[M]. 北京：电子工业出版社，2016.

［4］ 陈琦，古辉，胡海根，雷艳静. 微机原理与接口技术实验教程[M]. 北京：电子工业出版社，2017.

［5］ 荆淑霞，王晓，何丽娟. 微机原理与汇编语言程序设计[M]. 北京：中国水利水电出版社，2005.

［6］ 顾晖，梁惺彦. 微机原理与接口技术——基于 8086 和 Proteus 仿真[M]. 北京：电子工业出版社，2011.

［7］ 蒋富. 微机原理与接口实验指导[M]. 北京：中国铁道出版社，2017.

［8］ 刘云玲. 微机原理与接口技术实验指导[M]. 北京：清华大学出版社，2014.

［9］ 黄海萍. 微机原理与接口技术实验教程[M]. 北京：国防工业出版社，2013.